水利工程质量检测与管理

主　编　崔　瑞　张　贺
副主编　孙友良　孙玲玉　王传宝
参　编　张　迪　佟　欣　吕钊飞

北京理工大学出版社
BEIJING INSTITUTE OF TECHNOLOGY PRESS

内容提要

本书引用新的标准、规范及规程，强化应用实践教学与职业能力培养，围绕工程实际设置了9个模块。主要内容包括工程质量管理概述、质量管理和质量保证、质量管理的统计技术、质量管理的工具和技术、工程项目施工质量管理体系、土石坝施工及填土压实质量控制、混凝土拌制质量要求、混凝土强度控制方法、工程质量等级评定。

本书可作为高职院校相关水利水电工程技术专业及相关专业教材，也可作为建筑生产一线的管理与检测专业技术人员培训用书和参考用书。

图书在版编目（CIP）数据

水利工程质量检测与管理 / 崔瑞，张贺主编.--北京：北京理工大学出版社，2024.3

ISBN 978-7-5763-3036-6

Ⅰ.①水…　Ⅱ.①崔…②张…　Ⅲ.①水利工程－质量管理－高等学校－教材　Ⅳ.①TV512

中国国家版本馆CIP数据核字（2023）第205862号

责任编辑：阎少华　　**文案编辑**：阎少华

责任校对：周瑞红　　**责任印制**：王美丽

出版发行 / 北京理工大学出版社有限责任公司

社　　址 / 北京市丰台区四合庄路6号

邮　　编 / 100070

电　　话 / （010）68914026（教材售后服务热线）

（010）68944437（课件资源服务热线）

网　　址 / http：//www.bitpress.com.cn

版 印 次 / 2024年3月第1版第1次印刷

印　　刷 / 河北鑫彩博图印刷有限公司

开　　本 / 787 mm × 1092 mm　1/16

印　　张 / 13.5

字　　数 / 298千字

定　　价 / 78.00元

前言

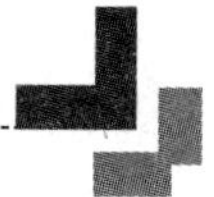

Foreword

本书引用新的标准、规范及规程，强化应用实践教学与职业能力培养，尤其对相关职业任务训练流程结合水利工程材料检测领域“1+X”证书制度和国家职业技能大赛标准，进行了系统介绍。本书可作为高职院校相关水利水电工程技术专业及相关专业教材，也可作为建筑生产一线的管理与检测专业技术人员培训用书和参考用书。

本书编写模式新颖，遵循知识掌握规律，结合工作任务实际进行职业技能训练以达成训练目标，很好地适应了职业教育突出技能培养的要求。同时，培养团队协作与沟通、自主创意、创新能力，并注重培养学生树立良好的安全文明操作意识，注意在能力训练过程中精益求精，培养工匠精神。本书围绕工程实际设置了9个模块，介绍18个检测任务，每项分别设置了相关工作任务，并结合“1+X”证书制度和国家职业技能大赛技能标准要求，在进行相关能力训练的同时，掌握相关的理论内容，形成理实一体化，以达到其任务目标。

1.成果导向教育的含义

成果导向教育（Outcome Based Education）是20世纪80年代提出并在国际上广泛运用的先进教育理念。其基本原理是所有学生均能成功；基本假设是所有学生都是有才能的，每个学生都是卓越的；核心思想是学校的一切教育活动皆应围绕预期的学生学习成果的达成而展开。对学生学习成果的明确预期不仅是教育教学活动的出发点，还是检验各项教育教学活动有效性的准绳。将“我要怎样教学生”转化为“如何有效地帮助学生取得学习成果”，将“我希望学生学会什么”转化为“如何知道学生已经取得了学习成果”，以学生为中心的理念逐渐贯穿到专业建设和人才培养的全过程。

成果导向教育基于广泛的实际调研情况，根据国家人才培养需求、市场人才需求和个性化自我发展的差异需求，预先制订人才培养总体目标，并将目标分配成可以由课程体系中各科目所承担的权重组合，用以指导课程实施与反馈环节的能力培养倾向性，变学习过程被动为主动，变灌输教育为引导教育，变期末考核为过程考核，不断反馈纠正不放弃任何一个学生，最终使每名学生都能成功。

2.教材使用方法

在实施过程中，模块内容是师生公用的学习操作流程指南，参考附件是用于辅助自主学习的文献资料，教师通过设计教学过程，鼓励善用批判性思维及广泛多元的方式设计教学，从而引导学生依其个别差异与需求来学习，帮助学生实现预期的学习成果。建立单元教学设计的审核标准和审核机制。引入多元评价，体现主体多元、内涵多元、时机多元的实作评价、口语评价、档案评价等质性评价方案，合理设计评价尺规，给予学生反馈促进、指引学生学习。

3.人才培养目标

专业成果蓝图是人才培养目标的能力描述，学生应根据实际情况分析并制订成果目标，用以控制课程的培养侧重，本书将以水利水电建筑工程专业为例。

<table>
<tr><td colspan="18">课程学习侧重点</td></tr>
<tr><td rowspan="2">课程核心能力权重</td><td colspan="2">A.责任担当</td><td colspan="2">B.人文素养</td><td colspan="2">C.工程知识</td><td colspan="2">D.学习创新</td><td colspan="2">E.专业技能</td><td colspan="2">F.职业操守</td><td colspan="2">G.问题解决</td><td colspan="2">H.沟通合作</td><td>合计</td></tr>
<tr><td colspan="2">15%</td><td colspan="2">15%</td><td colspan="2">15%</td><td colspan="2">10%</td><td colspan="2"></td><td colspan="2">15%</td><td colspan="2">15%</td><td colspan="2">15%</td><td>100%</td></tr>
<tr><td rowspan="2">课程能力指标权重</td><td>A1</td><td>A2</td><td>B1</td><td>B2</td><td>C1</td><td>C2</td><td>D1</td><td>D2</td><td>E1</td><td>E2</td><td>F1</td><td>F2</td><td>G1</td><td>G2</td><td>H1</td><td>H2</td><td>合计</td></tr>
<tr><td>15%</td><td></td><td>15%</td><td></td><td>15%</td><td></td><td>10%</td><td></td><td></td><td></td><td>15%</td><td></td><td>15%</td><td></td><td>15%</td><td></td><td>100%</td></tr>
</table>

水利水电建筑工程专业成果蓝图

<table>
<tr><th>培养目标</th><th>核心能力</th><th>核心能力内涵</th><th>能力指标</th><th>能力指标内涵</th></tr>
<tr><td rowspan="4">1.能担当社会责任和生态水利使命，具有较好的人文素养和道德履行能力</td><td rowspan="2">A.责任担当</td><td rowspan="2">A.遵守道德准则和行为规范，尊重和维护生态环境，自觉履行社会责任</td><td>道德规范A1</td><td>260101A1.能践行社会主义核心价值观，遵守公民道德和职业道德规范准则</td></tr>
<tr><td>责任使命A2</td><td>260101A2.具有强烈的国家认同感，自觉履行社会责任，尊重和维护生态环境</td></tr>
<tr><td rowspan="2">B.人文素养</td><td rowspan="2">B.具备人文科学素养，保持身心健康和绿色文明的生活方式</td><td>人文底蕴B1</td><td>260101B1.具备一定的人文科学积淀、人文情怀、审美品位和健康的兴趣</td></tr>
<tr><td>身心健康B2</td><td>260101B2.有健康的体魄，能自我情绪管理和调适，有绿色文明的生活方式</td></tr>
<tr><td rowspan="4">2.能积累水利水电建筑工程实务知识，具有较好的专业素养和自主学习能力</td><td rowspan="2">C.水电工程专业知识</td><td rowspan="2">C.能应用水利水电建筑工程实务知识，拥有运用专业设计基本原理和方法的能力</td><td>实务知识C1</td><td>260102C1.能够应用水利水电建筑工程设计、施工管理、运行管理等需要的实务知识</td></tr>
<tr><td>数理知识C2</td><td>260102C2.能够理解和应用水利水电建筑工程设计所需要的数理计算原理和方法</td></tr>
<tr><td rowspan="2">D.学习创新</td><td rowspan="2">D.能认知终身学习的重要性并有持续学习的习惯，有一定的创意和创新能力</td><td>终身学习D1</td><td>260102D1.有良好的学习意愿、方法、习惯，并具备持续学习的能力</td></tr>
<tr><td>创意创新D2</td><td>260102D2.有一定的创新意识、创新思维和创新能力，并能将工程创意转化为实施方案</td></tr>
</table>

续表

培养目标	核心能力	核心能力内涵	能力指标	能力指标内涵
3.能精进水利水电建筑工程技术技能，具有较好的职业素养和践行匠心能力	E.水电工程专业技能	E. 能够熟练利用水利水电工程技术、技能和现代工具，能有效管理项目的施工与运营	技术技能E1	260103E1.能善用建筑工程的设计、施工所需的技术、技能和现代工具
			施工管理E2	260103E2.能有效管控投资、进度、质量、安全、合同、信息等水利水电工程项目
	F.水电工程职业操守	F.能践行水利行业精神和水利工匠精神，自觉执行水利水电相关行业规范、标准和安全规程	工匠精神F1	260103F1.工匠精神：能践行水利行业和水利工匠精神，有吃苦耐劳的行业品格和良好的劳动习惯
			行业规范F2	260103F2.行业规范：自觉、严格执行水利水电工程相关的规范、规程、标准和其他标准化要求
4.能独立解决水利水电建筑工程综合事务问题，具有较好的职场素养和沟通合作能力	G.问题解决	G.能确认、分析、解决水利水电建筑工程实务技术问题，有效应对危机和处理事件	问题解决G1	260104G1.问题解决：能够独立确认、分析、解决水利水电工程实务问题
			应对处理G2	260104G2.能够冷静应对危机，客观有效地处理生活和工作中的突发事件
	H.沟通合作	H.尊重多元观点，能够跨界有效沟通，在多样性团队中有效发挥作用	有效沟通H1	260104H1.能运用书面、报告、口头、图形、形体等方法与项目建设多方有效沟通
			团队协作H2	260104H2.团队协作：具备集体意识和合作精神，作为多样化团队成员有效运作能力

本书由辽宁生态工程职业学院崔瑞、张贺任主编；辽宁生态工程职业学院孙友良、孙玲玉，辽宁水利土木工程咨询有限公司王传宝任副主编；辽宁生态工程职业学院张迪、佟欣，辽宁奉冠工程质量检测有限公司吕钊飞参编。全书共有9个模块，编写大纲由编写人员集体讨论，模块1、模块2、7.1由张贺、孙友良编写，模块6由张贺编写，模块3、模块4、模块5由孙玲玉编写，7.2.13-7.2.17由孙友良、孙玲玉共同编写，7.2.1-7.2.12由崔瑞、孙友良、王传宝、吕钊飞共同编写，模块8由张迪编写，模块9由佟欣编写。

全书由辽宁生态工程职业学院张贺统稿，辽宁生态工程职业学院孙友良对全书进行了审稿。本书在编写过程中参阅了大量的相关专家、学者的著作，在此致以诚挚的谢意！

由于编者水平有限、编写时间仓促，书中难免有疏漏和不足之处，敬请读者提出宝贵意见，以便再版时修订。

编　者

目 录

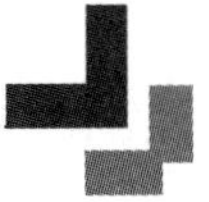

Contents

模块1　工程质量管理概述

✲ 课程信息

1. 基本信息

学生姓名		课程地点		课程时间	
指导教师		哪些同学对我起到帮助	1.	2.	3.
课程项目	1.1 水利工程质量概论 1.2 工程质量的特点及形成过程 1.3 工程项目质量监督				

2. 学习目标

课程学习侧重点																	
课程核心能力权重	A. 责任担当		B. 人文素养		C. 工程知识		D. 学习创新		E. 专业技能		F. 职业操守		G. 问题解决		H. 沟通合作		合计
	15%		15%		15%		10%				15%		15%		15%		100%
课程能力指标权重	A1	A2	B1	B2	C1	C2	D1	D2	E1	E2	F1	F2	G1	G2	H1	H2	合计
	15%		15%		15%		10%				15%		15%		15%		100%
知识目标	(1)了解工程质量的特点及形成过程；(2)熟悉水利工程质量影响因素及其特征；(3)熟悉工程质量监督要点																
能力目标	(1)能够提升关于质量达到社会性、经济性和系统性的认识；(2)能够说出水利工程质量的影响因素；(3)能够说出水利工程质量检测单位可承担的主要任务																
素质与思政目标	(1)养成学习积累习惯，不断进取、严谨求实的工作态度；(2)能够进行有效的沟通和交流，具备团队合作意识；(3)培养学生工程质量意识，坚守职业道德，增强学生的使命感、责任感和爱国主义情怀																

✲ 背景资料

产品的质量具有重要的经济意义和深刻的社会意义，它渗透到人类社会的各个领域，因此，日益受到普遍的重视和广泛的关注。工业产品的质量是一个国家经济、技术和管理基础的综合反映，在宏观上对国民经济的发展和实现社会主义宏伟目标，以及在微观上对企业的生存都是至关重要的。所以，产品质量既是一个经济问题，又是一个政治问题。就建筑而言，在某种意义上说，也是一种产品，但它的质量意义要比一般工业产品深刻得多。水利水电工程更是如此。

水利工程是发展水利事业、水利经济的重要硬件保障，水利工程的建设和管理对国民经济和地方经济的发展有着特殊的重要意义。质量是兴国之道、富国之本、强国之策，国际市场的竞争本质上是质量的竞争，必须坚持“质量第一、效益优先”的原则，从而实现质量强国目标。

✲ 课前活动

1. 讨论。

中国质量管理制度起源于何时？

2. 浏览中国水利部官网，说一说目前有哪些关于质量管理的新闻要素？

✲ 必备知识

1. 有关概念、术语

术语名称	概念	考核结果
质量	质量是指一组固有特性满足要求的程度，详见《质量管理体系　基础和术语》(GB/T 19000－2016)。质量的好坏是由产品固有特性满足要求的程度来反映的	
工程质量管理	工程质量管理是为了经济、高效地建成质量符合标准、批准的设计文件、工程承包合同与项目法人需要的工程，以及工程参建各方对工程建设的各环节、各阶段所采取的组织协调、控制的系统管理手段的总称	
水利工程质量检测	在监督过程中，质量检测是进行质量监督和质量检查的重要手段。根据需要，质量监督机构可委托经计量认证合格的检测单位，对水利工程有关部位及所采用的建筑材料和工程设备进行抽样检测。水利工程质量检测单位必须取得省级以上计量认证合格证书，并经水利工程质量监督机构授权，方可从事水利工程质量检测工作，检测人员必须持证上岗	

2. 使用规范

序号	规范名称	对规范熟悉情况	考核结果
1	《水利水电工程施工质量检验与评定规程》(SL 176－2007)	1. 是/否准备好规范？电子版还是纸质版？ 2. 是/否提前预习规范？能准确说出还是能大致说出	
2	《水工混凝土施工规范》(DL/T 5144－2015)		
3	《水利工程施工监理规范》(SL 288－2014)		

✲ 课程实施

<table>
<tr><th>教学
阶段</th><th>教学流程</th><th>学习成果</th><th>教师核查</th><th>能力
指标</th></tr>
<tr><td rowspan="2">1. 课前
准备</td><td>(1)查阅有关规范、标准，了解有关概念及特性</td><td></td><td></td><td>D1</td></tr>
<tr><td>(2)了解工程质量管理的目的</td><td></td><td></td><td>D1</td></tr>
<tr><td>阶段性
小结</td><td colspan="4"></td></tr>
<tr><td rowspan="6">2. 课中
实施</td><td>(1)列举工程质量特性的几个方面。
建设工程质量具有相通相近的特性，如不同工程可能使用相同的原材料；由于不同工程种类的建设，执行的标准可能不同，如普通结构混凝土施工和水利大体积混凝土施工、公路铁路建设混凝土施工等</td><td></td><td></td><td>G1</td></tr>
<tr><td>(2)列举工程项目不同阶段。
列举不同工程阶段的能够影响工程质量的关键技术</td><td></td><td></td><td>C1</td></tr>
<tr><td>(3)列出工程质量的异常性五大因素，即人、机、料、法、环。
1)思考如何提高人的工作质量；
2)思考如何保证机械安全和正常运行；
3)思考如何保证材料合格；
4)思考如何保证方法合理可行；
5)列举环境不同而对材料或方法等的不同要求</td><td></td><td></td><td>F1、
H1</td></tr>
<tr><td>(4)列举水利工程特性。
1)思考如何克服水利工程行业的从业困难；
2)思考如何杜绝工程腐败；
3)如何科学采集、实施、评判和管理</td><td></td><td></td><td>A1</td></tr>
<tr><td>(5)水利工程建设特点。
1)如何应对水利工程建设周期长的特点？
2)水利工程投入巨大，如何理解必要性和质量意义？
3)对于建设地点偏僻，流动性大，对工程质量产生什么影响？
4)操作复杂对质量保证产生什么难度？
5)产品的多样性和施工工艺复杂对质量保证产生什么难度</td><td></td><td></td><td>B1</td></tr>
<tr><td>(6)阐述水利工程质量检测单位承担的主要任务</td><td></td><td></td><td>C1</td></tr>
<tr><td>阶段性
小结</td><td colspan="4"></td></tr>
</table>

续表

教学阶段	教学流程	学习成果	教师核查	能力指标
3. 课后拓展	布置课后工作，什么叫质量、质量控制、质量管理			D1
阶段性小结				

✲ 检查与记录

课程侧重																	
课程核心能力权重	A. 责任担当		B. 人文素养		C. 工程知识		D. 学习创新		E. 专业技能		F. 职业操守		G. 问题解决		H. 沟通合作		合计
	15%		15%		15%		10%				15%		15%		15%		100%
课程能力指标权重	A1	A2	B1	B2	C1	C2	D1	D2	E1	E2	F1	F2	G1	G2	H1	H2	合计

✲ 课后反思

反思内容	实际效果	改进设想
工作态度、团队合作意识、质量意识		
成果导向应用情况		
本课评分		

✲ 参考资料

什么是工程质量

模块 2　质量管理和质量保证

✲ 课程信息

1. 基本信息

学生姓名		课程地点		课程时间	
指导教师		哪些同学对我起到帮助	1.	2.	3.
课程项目	2.1 什么是质量管理 2.2 全面质量管理 2.3 全面质量管理与 ISO 9000 的对比 2.4 全面质量管理与统计技术 2.5 水利水电工程质量责任体系				

2. 学习目标

课程学习侧重点																	
课程核心能力权重	A. 责任担当		B. 人文素养		C. 工程知识		D. 学习创新		E. 专业技能		F. 职业操守		G. 问题解决		H. 沟通合作		合计
	15%		15%		15%		10%				15%		15%		15%		100%
课程能力指标权重	A1	A2	B1	B2	C1	C2	D1	D2	E1	E2	F1	F2	G1	G2	H1	H2	合计
	15%		15%		15%		10%				15%		15%		15%		100%
知识目标	(1)熟悉质量管理与质量体系的定义；(2)掌握全面质量管理的四个阶段；(3)熟悉施工单位和监理单位的质量责任																
能力目标	(1)能够说出质量管理与质量体系的联系；(2)能够说出全面质量管理的四个阶段；(3)能够阐述施工单位和监理单位的质量责任																
素质与思政目标	(1)培养学生的民族自信心和自豪感，激发爱国热情；(2)培养学生科学严谨、诚实守信、团结协作的职业素养																

✲ 背景资料

全国一级建造师执业资格考试专业辅导用书 2017 年《建设工程项目管理》真题：

根据《质量管理体系　基础和术语》(GB/T 19000－2016/ISO9000：2015)，“凡工程产品没有满足某个与预期或规定用途有关的要求”成为(　　)。

A. 质量问题　　B. 质量事故　　C. 质量不合格　　D. 质量缺陷

[解析]根据《质量管理体系　基础和术语》(GB/T 19000－2016/ISO9000：2015)，凡工程产品没有满足某个与预期或规定用途有关的要求，就称之为质量不合格；而未满足某个与预期或规定用途有关的要求，称之为质量缺陷。故选 D。

✲ 课前活动

1. 讨论。

了解建设单位、勘察设计单位、施工单位、监理单位、检测单位质量责任都有哪些？

---

2. 网络精品在线开放课程利用。

建设监理的基础知识

✲ 必备知识

1. 有关概念、术语

学习工程质量管理知识要点

术语名称	概念	考核结果
质量管理	在质量方面指挥和控制组织的协调活动。在质量方面的指挥和控制活动通常包括制定质量方针和质量目标，以及质量策划、质量保证和质量改进	
质量体系	质量体系是指为实施质量管理所需的组织机构、程序过程和资源。在这三个组成部分中，任一组成部分的缺失或不完善都会影响质量管理活动的顺利实施和质量管理目标的实现。质量管理的目标是组织总目标的重要内容，质量目标和责任应按级分解落实，各级管理者对目标的实现负有责任	
全面质量管理的特点	全面质量管理的特点集中表现在“全面质量管理、全过程质量管理、全员质量管理”三个方面	
水利工程建设基本程序	1. 流域(或区域)规划阶段； 2. 项目建议书阶段； 3. 可行性研究阶段； 4. 初步设计阶段； 5. 施工准备阶段； 6. 建设实施阶段； 7. 生产准备阶段； 8. 经验收阶段	

2. 使用规范

序号	规范名称	对规范熟悉情况	考核结果
1	《水利水电工程施工质量检验与评定规程》(SL 176—2007)	1. 是/否准备好规范？电子版还是纸质版？ 2. 是/否提前预习规范？能准确说出还是能大致说出	
2	《水工混凝土施工规范》(DL/T 5144—2015)		
3	《水利工程施工监理规范》(SL 288—2014)		

✲ 课程实施

教学阶段	教学流程	学习成果	教师核查	能力指标
1. 课前准备	(1)查阅有关规范、标准，了解有关概念及特性			D1
	(2)了解水利水电工程质量责任体系			D1
阶段性小结				
2. 课中实施	(1)说出全面质量管理的特点集中表现： 1)表述什么是“全面质量管理”； 2)表述什么是“全过程质量管理”； 3)表述什么是“全员质量管理”			F1 C1
	(2)分别举例说明全面质量管理的基本观点： 1)质量第一的观点； 2)用户至上的观点； 3)预防为主的观点； 4)用数据说话的观点； 5)全面管理的观点； 6)一切按 PDCA 循环进行的观点			B1
	(3)理解施工单位的质量责任，并重视以下几个注意事项： 1)施工单位不得转包或者违法分包工程； 2)工程分包必须经过项目法人(建设单位)的认可； 3)施工单位对施工中出现质量问题的建设工程或者竣工验收不合格的建设工程，应当负责返修； 4)施工单位应当建立健全教育培训制度，加强对职工的教育培训；未经教育培训或者考核不合格的人员，不得上岗作业			A1 G1
	(4)阐述监理单位的质量责任，并注意监理工程师上岗必须持有监理工程师岗位证书，一般监理人员上岗要经过岗前培训			C1
阶段性小结				

续表

教学阶段	教学流程	学习成果	教师核查	能力指标
3. 课后拓展	资料员基本要求：资料员是施工企业六大员(施工技术员、质量员、安全员、材料员、资料员、造价员)之一。一个建设工程的质量具体反映在两个方面：一是建筑物的实体质量，即所谓的硬件；二是工程建设资料质量，即所谓软件。工程质量的形成主要靠资料员的收集、整理、编制成册，因此，资料员在施工过程中担负着十分重要的责任			D1
阶段性小结				

✲ 检查与记录

<table>
<tr><td colspan="18">课程侧重</td></tr>
<tr><td rowspan="2">课程核心能力权重</td><td colspan="2">A. 责任担当</td><td colspan="2">B. 人文素养</td><td colspan="2">C. 工程知识</td><td colspan="2">D. 学习创新</td><td colspan="2">E. 专业技能</td><td colspan="2">F. 职业操守</td><td colspan="2">G. 问题解决</td><td colspan="2">H. 沟通合作</td><td>合计</td></tr>
<tr><td colspan="2">15%</td><td colspan="2">15%</td><td colspan="2">15%</td><td colspan="2">10%</td><td colspan="2"></td><td colspan="2">15%</td><td colspan="2">15%</td><td colspan="2">15%</td><td>100%</td></tr>
<tr><td rowspan="3">课程能力指标权重</td><td>A1</td><td>A2</td><td>B1</td><td>B2</td><td>C1</td><td>C2</td><td>D1</td><td>D2</td><td>E1</td><td>E2</td><td>F1</td><td>F2</td><td>G1</td><td>G2</td><td>H1</td><td>H2</td><td>合计</td></tr>
<tr><td></td><td></td><td></td><td></td><td></td><td></td><td></td><td></td><td></td><td></td><td></td><td></td><td></td><td></td><td></td><td></td><td></td></tr>
<tr><td></td><td></td><td></td><td></td><td></td><td></td><td></td><td></td><td></td><td></td><td></td><td></td><td></td><td></td><td></td><td></td><td></td></tr>
</table>

✲ 课后反思

反思内容	实际效果	改进设想
工作态度、团队合作意识、质量意识		
成果导向应用情况		
本课评分		

✲ 参考资料

质量管理技术

模块 3　质量管理的统计技术

✲ 课程信息

1. 基本信息

<table>
<tr><td>学生姓名</td><td></td><td>课程地点</td><td></td><td>课程时间</td><td></td></tr>
<tr><td>指导教师</td><td></td><td>哪些同学对我起到帮助</td><td>1.</td><td>2.</td><td>3.</td></tr>
<tr><td>课程项目</td><td colspan="5">质量管理的统计技术</td></tr>
</table>

2. 学习目标

<table>
<tr><td colspan="18">课程学习侧重点</td></tr>
<tr><td rowspan="2">课程核心能力权重</td><td colspan="2">A. 责任担当</td><td colspan="2">B. 人文素养</td><td colspan="2">C. 工程知识</td><td colspan="2">D. 学习创新</td><td colspan="2">E. 专业技能</td><td colspan="2">F. 职业操守</td><td colspan="2">G. 问题解决</td><td colspan="2">H. 沟通合作</td><td>合计</td></tr>
<tr><td colspan="2">15%</td><td colspan="2"></td><td colspan="2">15%</td><td colspan="2">10%</td><td colspan="2">15%</td><td colspan="2">15%</td><td colspan="2">15%</td><td colspan="2">15%</td><td>100%</td></tr>
<tr><td rowspan="2">课程能力指标权重</td><td>A1</td><td>A2</td><td>B1</td><td>B2</td><td>C1</td><td>C2</td><td>D1</td><td>D2</td><td>E1</td><td>E2</td><td>F1</td><td>F2</td><td>G1</td><td>G2</td><td>H1</td><td>H2</td><td>合计</td></tr>
<tr><td>15%</td><td></td><td></td><td></td><td>15%</td><td></td><td>10%</td><td></td><td>15%</td><td></td><td>15%</td><td></td><td>15%</td><td></td><td>15%</td><td></td><td>100%</td></tr>
<tr><td>知识目标</td><td colspan="17">(1)了解统计的基本思想；(2)理解总体、个体、样本和样本容量的基本概念；(3)记得抽样检验的基本知识</td></tr>
<tr><td>能力目标</td><td colspan="17">能够查阅规范《混凝土强度检验评定标准》(GB/T 50107—2010)</td></tr>
<tr><td>素质与思政目标</td><td colspan="17">培养严谨的工作态度、团队协作能力</td></tr>
</table>

✲ 背景资料

某单元工程，混凝土强度等级为 C20。经过抽检试验，该检验批混凝土 28 d 龄期抗压强度值见表 3-1。经计算该检验批混凝土强度标准差为 2.1 MPa。请根据《混凝土强度检验评定标准》(GB/T 50107—2010)进行该批混凝土强度的合格性评定。

表 3-1　混凝土 28 d 龄期抗压强度值

序号	1	2	3	4	5	6	7	8	9	10	11	12
抗压强度/MPa	22.4	21.2	22.5	18.1	24.8	19.8	24.2	23.2	23.8	23.8	24.5	24.1

✲ 课前活动

讨论：

(1)2019 年某企业精加工车间 20 名工人加工 A 零件的产量资料见表 3-2。

表 3-2　产量资料

按日产量分组/件	工人人数/人
28	2
29	4
30	7
31	5
32	2
合计	20

要求：试计算 20 名工人日产量的算术平均数、众数和中位数。

(2)常用的概率抽样方法有哪些？各自的含义如何？

____

____

✲ 必备知识

1. 基本概念

(1)统计的基本思想。

(2)总体、个体、样本和样本容量的基本概念。

(3)抽样检验的目的。

(4)质量检验的意义。

2. 抽样检验的特点及方法。

(1)计量与计数的分布规律。

(2)抽样方法。

(3)抽样估计方法。

✲ 课程实施

<table>
<tr><th>教学阶段</th><th>教学流程</th><th>教师核查</th><th>能力指标</th></tr>
<tr><td rowspan="2">1. 课前准备</td><td>(1)在网络教学平台完成课前预习</td><td></td><td>G1</td></tr>
<tr><td>(2)完成课前讨论题：
1)一批炮弹共 1 000 枚，如何检测这批炮弹的杀伤力？
2)2022 年虎年春节联欢晚会结束后，中央电视台想尽快了解观众最喜爱的节目，请问通过什么方式得出结果</td><td></td><td>G1</td></tr>
<tr><td>阶段性
小结</td><td colspan="3"></td></tr>
<tr><td rowspan="4">2. 课中实施</td><td>(1)总结课前讨论题。
(2)项目导入。通过案例引出本次课学习的主题——抽样检验。
案例：某单元工程，混凝土强度等级为 C20。经过抽检试验，该检验批混凝土28 d龄期抗压强度值如下表。经计算该检验批混凝土强度标准差为2.1 MPa。请根据《混凝土强度检验评定标准》(GB/T 50107－2010)进行该批混凝土强度的合格性评定。
<table><tr><td>序号</td><td>1</td><td>2</td><td>3</td><td>4</td><td>5</td><td>6</td><td>7</td><td>8</td><td>9</td><td>10</td><td>11</td><td>12</td></tr><tr><td>抗压强度/MPa</td><td>22.4</td><td>21.2</td><td>22.5</td><td>18.1</td><td>24.8</td><td>19.8</td><td>24.2</td><td>23.2</td><td>23.8</td><td>23.8</td><td>24.5</td><td>24.1</td></tr></table></td><td rowspan="2"></td><td>A1
D1</td></tr>
<tr><td>(3)抽样检验的目的。通过检验判断一批产品质量是否符合质量标准的要求，符合要求的为合格，不符合要求的为不合格。合乎质量要求，对不合格情况有不同的内容，即
1)所接收的产品为 100％的合格品；
2)保证整批接收产品中具有一定的质量水平。
例如，评定混凝土强度时，试块的最小强度值不得小于标准强度的 85％</td><td>A1
G1</td></tr>
<tr><td>(4)抽样检验的特点：
1)适用工程量大的工程；
2)抽样检查比整体检查精度高；
3)抽样检查所需时间少；
4)抽样检查费用最少</td><td rowspan="2"></td><td>C1</td></tr>
<tr><td>(5)抽样检验的方法
1)简单随机抽样法。
①抽签。带来 10 个小玩具想送给大家，但是人太多，是否可以想出一个公平合理、大家都能接受的方法呢？
思考题：这种方法哪里体现了公平、公正、科学性和随机性？
②随机数表。
讨论：
a. 当总体中个体数较多怎么办？
b. 上述游戏还有其他解决方法吗？</td><td>C1
E1</td></tr>
</table>

续表

教学阶段	教学流程	教师核查	能力指标
2. 课中实施	2)分层随机抽样法。 案例导入：某高校学生共有500人，经调查，喜欢数学的学生占全体学生的$A\%$，不喜欢数学的占$B\%$，介于两者之间的占$C\%$，为了考查学生的期中考试的数学成绩，应该采用哪种抽样方法？ 根据高一、高二、高三三个年级人数在全校学生人数中所占的比例，在各个年级中分别进行简单随机抽样，即 喜欢的学生中应抽取：X人； 不喜欢的学生中应抽取：Y人； 介于两者之间的应抽取：Z人。 引出分层随机抽样法概念：将总体中各个个体按某种特征分成若干个互不重叠的几部分，每一部分叫作层，在各层中按层在总体中所占比例进行简单随机抽样，这种抽样方法叫作分层抽样。 分层抽样的步骤如下： ①经总体按照一定的标准进行分层； ②计算各层的个体数与总体的个体数的比； ③按照各层的个体数与总体的比，确定各层应该抽取的样本容量； ④在每层中进行抽样		C1 E1
阶段性小结			
	完成课后练习		G1
3. 课后拓展	自行查找《计数抽样检验程序　第1部分：按接收质量限(AQL)检索的逐批检验抽样计划》(GB/T 2828.1—2012)		E1

✲ 完成质量

1. 首先给班上的每位学生编上号码，然后让学生用小纸条把号码写下来放在盒子里，把小纸条摇匀，随机抽出3个号码，被抽到的学生会有奖品。

(1)此例中总体、个体、样本、样本容量分别是什么？

(2)抽签法的步骤是怎样的？

(3)抽签法的优点和缺点分别是什么？

2. 仓库管理员收到从某地运来的一批80袋达能特种水泥，入库前要抽取6袋检查质量是否达标，该怎么做？

(1)随机数表法的步骤是怎样的？

(2)随机数表法的优点和缺点分别是什么？

✲ 检查与记录

课程侧重																	
课程核心能力权重	A. 责任担当		B. 人文素养		C. 工程知识		D. 学习创新		E. 专业技能		F. 职业操守		G. 问题解决		H. 沟通合作		合计
	15%				15%		10%		15%		15%		15%		15%		100%
课程能力指标权重	A1	A2	B1	B2	C1	C2	D1	D2	E1	E2	F1	F2	G1	G2	H1	H2	合计

✲ 课后反思

反思内容	实际效果	改进设想
工作态度、团队合作意识、质量意识		
成果导向应用情况		
本课评分		

✲ 参考资料

质量管理的统计技术

模块 4　质量管理的工具和技术

✲ 课程信息

1. 基本信息

学生姓名		课程地点		课程时间	
指导教师		哪些同学对我起到帮助	1.	2.	3.
课程项目	质量管理的工具和技术				

2. 教学目标

课程学习侧重点																	
课程核心能力权重	A. 责任担当		B. 人文素养		C. 工程知识		D. 学习创新		E. 专业技能		F. 职业操守		G. 问题解决		H. 沟通合作		合计
	15%				15%		10%		15%		15%		15%		15%		100%
课程能力指标权重	A1	A2	B1	B2	C1	C2	D1	D2	E1	E2	F1	F2	G1	G2	H1	H2	合计
	15%				15%		10%		15%		15%		15%		15%		100%
知识目标	(1)知道质量管理常用七种工具的原理和制作方法；(2)知道质量管理新七种工具的原理和绘制方法																
能力目标	能够使用质量管理的工具解决实际问题(至少会三种方法)																
素质与思政目标	培养解决、分析问题的能力和创新能力																

✲ 背景资料

某化工厂对 15 座压力容器的焊缝缺陷统计分析，数据见表 4-1。

表 4-1　焊缝缺陷统计分析表

序号	缺陷项目	缺陷数量 f_i	频率 P_i/%	累计频率 F_i/%	类别
1	焊缝成型差	20			
2	焊道凹陷	15			
3	焊缝气孔	148			
4	夹渣	51			
5	其他	11			
合计		245			

❋ 课前活动

讨论：

(1)在全面质量管理中，有哪几个特点？

______

______

(2)通过课前预习你知道了哪几种质量管理的工具？

______

______

❋ 必备知识

基本概念：

(1)质量管理常用七种工具的原理和制作方法。

(2)质量管理新七种工具的原理和绘制方法。

✲ 课程实施

教学阶段	教学流程	教师核查	能力指标
1. 课前准备	课前预习平台发布的学习资料		G1
2. 课中实施	(1)介绍质量管理常用七种工具和新七种工具的方法与区别		A1 D1
	(2)介绍调查表、分层法、排列图、直方图、控制图、因果图和相关图法的原理和操作步骤； (3)介绍质量管理新七种工具的原理和操作步骤		C1 E1
阶段性小结			
3. 课后拓展	完成课后作业		G1

✲ 完成质量

在柴油机装配过程中，经常发生气缸垫漏气的现象，为解决这一问题，对“气缸垫的装配”工序进行现场统计。

(1)收集数据：$n=50$，漏气数 $f=19$，漏气率 $p=f/n=19/50=38\%$。

(2)分析原因：通过分析，得知造成漏气的原因有以下两个：

1)该工序中负责涂胶剂的三个工人 A、B、C 的操作方法有差异；

2)气缸垫的两个供货厂家使用的原材料有差异。

针对两个因素，将数据进行分类列表，得到表 4-2。

表 4-2　相关数据

工人	漏气	不漏气	漏气率/%	厂家	漏气	不漏气	漏气率/%
A	6	13	32	甲	9	14	39
B	3	9	25	乙	10	17	37
C	10	9	53	合计	19	31	38
合计	19	31	38				

✲ 检查与记录

课程侧重																	
课程核心能力权重	A. 责任担当		B. 人文素养		C. 工程知识		D. 学习创新		E. 专业技能		F. 职业操守		G. 问题解决		H. 沟通合作		合计
	15%				15%		10%		15%		15%		15%		15%		100%
课程能力指标权重	A1	A2	B1	B2	C1	C2	D1	D2	E1	E2	F1	F2	G1	G2	H1	H2	合计

✲ 课后反思

反思内容	实际效果	改进设想
工作态度、团队合作意识、质量意识		
成果导向应用情况		
本课评分		

✲ 参考资料

质量管理的工具和技术

模块5　工程项目施工质量管理体系

✲ 课程信息

1. 基本信息

学生姓名		课程地点		课程时间	
指导教师		哪些同学对我起到帮助	1.	2.	3.
课程项目	工程项目施工质量管理体系				

2. 教学目标

课程学习侧重点																	
课程核心能力权重	A. 责任担当		B. 人文素养		C. 工程知识		D. 学习创新		E. 专业技能		F. 职业操守		G. 问题解决		H. 沟通合作		合计
	15%				15%		10%		15%		15%		15%		15%		100%
课程能力指标权重	A1	A2	B1	B2	C1	C2	D1	D2	E1	E2	F1	F2	G1	G2	H1	H2	合计
	15%				15%		10%		15%		15%		15%		15%		100%
知识目标	(1)掌握质量管理体系建立的基本步骤；(2)掌握质量管理体系的实施方法																
能力目标	会文件归档，将审核文件(包括审核计划、审核记录、审核报告及纠正措施等)归档保存。																
素质与思政目标	(1)能够履行公民道德准则，理解和遵守职业道德和规范；(2)具有良好的人文、艺术及科学素养																

✲ 背景资料

2007年4月19日，甘肃省高台县小海子水库下库北坝发生决口，水库溃口位于新建成的北坝中间位置，导致下游数千亩农田被淹没冲毁，对农田造成了严重的经济损失。小海子水库位于高台县南华镇小海子村境内，始建于1958年，后于1984年、1987年、1990年三次加高扩建。2001年被原国家计委、水利部列为西部专项资金病险水库处理项目，加固工程于2004年10月完工，同年12月，张掖市有关部门组织了初步验收。除险加固后，小海子水库分为上、中、下三库，设计总库容1 048.1万立方米，其中上库180万立方米，中库581.1万立方米，下库287万立方米，溃坝的下库正是最近一次加固工程中建成的。

✲ 课前活动

讨论：

(1)施工过程中质量管理体系的基本要素有哪些？

____

____

(2)描述质量管理体系要素层次构成图。

____

____

✲ 必备知识

基本概念：

(1)工程质量检验。

(2)质量成本。

❊ 课程实施

教学阶段	教学流程	教师核查	能力指标
1. 课前准备	课前预习平台发布的学习资料		G1
2. 课中实施	1. 水利工程质量管理主要办法		A1 D1
	2. 水利工程全面质量管理的基本观点和基本方法 3. 介绍水利工程质量管理规定		C1、E1
阶段性小结			F1 H1
3. 课后拓展	完成课后作业		G1

❊ 完成质量

1. 分析事故责任

(1)该事故的直接原因是坝基的破坏，坝前坝后形成了渗漏通道，导致坝基沉降、坍塌，水库管理部门在管理过程中出现问题，应该负直接责任和领导责任。

(2)此项目在前期工作制度落实、质量管理、工程验收等环节均不同程度地存在问题，设计单位、项目法人、施工单位应负直接责任。

2. 提出预防措施

(1)加强水库大坝的监督和管理，进行定期检查和维护，发现问题及时上报。

(2)制定并落实水库大坝安全管理应急预案，完善制度，规范管理，科学调度，切实加强水库安全管理和病险水库除险加固项目的建设管理。

✲ 检查与记录

课程侧重																	
课程核心能力权重	A. 责任担当		B. 人文素养		C. 工程知识		D. 学习创新		E. 专业技能		F. 职业操守		G. 问题解决		H. 沟通合作		合计
	15%				15%		10%		15%		15%		15%		15%		100%
课程能力指标权重	A1	A2	B1	B2	C1	C2	D1	D2	E1	E2	F1	F2	G1	G2	H1	H2	合计

✲ 课后反思

反思内容	实际效果	改进设想
工作态度、团队合作意识、质量意识		
成果导向应用情况		
本课评分		

✲ 参考资料

工程项目施工质量管理体系

模块6　土石坝施工及填土压实质量控制

6.1　质量控制的依据

✲ 课程信息

1. 基本信息

学生姓名		课程地点		课程时间	
指导教师		哪些同学对我起到帮助	1.	2.	3.
课程项目	质量控制的依据				

2. 学习目标

<table>
<tr><td colspan="18">课程学习侧重点</td></tr>
<tr><td rowspan="2">课程核心能力权重</td><td colspan="2">A. 责任担当</td><td colspan="2">B. 人文素养</td><td colspan="2">C. 工程知识</td><td colspan="2">D. 学习创新</td><td colspan="2">E. 专业技能</td><td colspan="2">F. 职业操守</td><td colspan="2">G. 问题解决</td><td colspan="2">H. 沟通合作</td><td>合计</td></tr>
<tr><td colspan="2">15%</td><td colspan="2"></td><td colspan="2">15%</td><td colspan="2">10%</td><td colspan="2">15%</td><td colspan="2">15%</td><td colspan="2">15%</td><td colspan="2">15%</td><td>100%</td></tr>
<tr><td rowspan="2">课程能力指标权重</td><td>A1</td><td>A2</td><td>B1</td><td>B2</td><td>C1</td><td>C2</td><td>D1</td><td>D2</td><td>E1</td><td>E2</td><td>F1</td><td>F2</td><td>G1</td><td>G2</td><td>H1</td><td>H2</td><td>合计</td></tr>
<tr><td>15%</td><td></td><td></td><td></td><td>15%</td><td></td><td>10%</td><td></td><td>15%</td><td></td><td>15%</td><td></td><td>15%</td><td></td><td>15%</td><td></td><td>100%</td></tr>
<tr><td>知识目标</td><td colspan="17">熟悉土石坝施工及填土压实质量控制标准</td></tr>
<tr><td>能力目标</td><td colspan="17">能够查找土石坝设计施工相关规范</td></tr>
<tr><td>素质与思政目标</td><td colspan="17">培养工匠精神</td></tr>
</table>

✲ 背景资料

本工程位于××××村，灰场四周初期坝采用均质土坝，顶宽为2.0 m，坝高为2.4 m。均质土坝工程量约为1.55×10^4 m^3。坝体填筑采用灰场内土料。坝外坡比为1∶2，内坡比为1∶2。

✲ 课前活动

1. 讨论。

(1)土石坝施工质量检测与评定的依据有哪些？

(2)土石坝施工质量检测与评定的项目有哪些？

土石坝施工及填土压实质量控制工程实例

质量控制的依据

✲ 必备知识

1. 有关概念、术语

术语名称	概念	考核结果
土石坝	土石坝泛指由当地土料、石料或混合料，经过抛填、碾压等方法堆筑成的挡水坝	

2. 使用规范

序号	规范名称	对规范熟悉情况	考核结果
1	《碾压式土石坝设计规范》(SL 274—2020)	1. 是/否准备好规范？电子版还是纸质版？ 2. 是/否提前预习规范？能准确说出还是能大致说出？	
2	《水利水电工程进水口设计规范》(SL 285—2020)		
3	《绿色小水电评价标准》(SL/T 752—2020)		
4	《水利网络安全保护技术规范》(SL/T 803—2020)		
5	《淤地坝技术规范》(SL/T 804—2020)		

✲ 课程实施

教学阶段	教学流程	学习成果	教师核查	能力指标
1. 课前准备	(1)什么是土石坝			C1 E1
	(2)查阅有关规范、标准，了解有关概念及方法			G1
阶段性小结				
2. 课中实施	(1)讲解土石坝施工及填土压实质量控制的依据			C1 F1
	(2)检索土石坝设计及施工规范			E1
	(3)土石坝质量控制可分为两类：一类是按质检查；另一类是按量检查			H1
	(4)土石坝和填土压实质量控制考虑因素			A1 D1
阶段性小结				
3. 课后拓展	布置课后工作，独立检索规范			D1 E1
阶段性小结				

✻ 检查与记录

<table>
<tr><td colspan="18">课程侧重</td></tr>
<tr><td rowspan="2">课程核心能力权重</td><td colspan="2">A. 责任担当</td><td colspan="2">B. 人文素养</td><td colspan="2">C. 工程知识</td><td colspan="2">D. 学习创新</td><td colspan="2">E. 专业技能</td><td colspan="2">F. 职业操守</td><td colspan="2">G. 问题解决</td><td colspan="2">H. 沟通合作</td><td>合计</td></tr>
<tr><td colspan="2">15%</td><td colspan="2"></td><td colspan="2">15%</td><td colspan="2">10%</td><td colspan="2">15%</td><td colspan="2">15%</td><td colspan="2">15%</td><td colspan="2">15%</td><td>100%</td></tr>
<tr><td rowspan="3">课程能力指标权重</td><td>A1</td><td>A2</td><td>B1</td><td>B2</td><td>C1</td><td>C2</td><td>D1</td><td>D2</td><td>E1</td><td>E2</td><td>F1</td><td>F2</td><td>G1</td><td>G2</td><td>H1</td><td>H2</td><td>合计</td></tr>
<tr><td></td><td></td><td></td><td></td><td></td><td></td><td></td><td></td><td></td><td></td><td></td><td></td><td></td><td></td><td></td><td></td><td></td></tr>
<tr><td></td><td></td><td></td><td></td><td></td><td></td><td></td><td></td><td></td><td></td><td></td><td></td><td></td><td></td><td></td><td></td><td></td></tr>
</table>

✻ 课后反思

反思内容	实际效果	改进设想
工作态度、团队合作意识、质量意识		
成果导向应用情况		
本课评分		

✻ 参考资料

土石坝施工及填土压实质量控制工程实例

质量控制的依据

6.2 填土压实质量指标

✲ 课程信息

1. 基本信息

学生姓名		课程地点		课程时间	
指导教师		哪些同学对我起到帮助	1.	2.	3.
课程项目	填土压实质量指标				

2. 学习目标

课程学习侧重点																	
课程核心能力权重	A. 责任担当		B. 人文素养		C. 工程知识		D. 学习创新		E. 专业技能		F. 职业操守		G. 问题解决		H. 沟通合作		合计
	15%				25%				15%		15%		15%		15%		100%
课程能力指标权重	A1	A2	B1	B2	C1	C2	D1	D2	E1	E2	F1	F2	G1	G2	H1	H2	合计
	15%				25%				15%		15%		15%		15%		100%
知识目标	掌握填土压实质量指标																
能力目标	能够判别不同填土的岩石质量																
素质与思政目标	结合职业，渗透兢兢业业、精益求精的职业道德																

✲ 背景资料

本工程位于××××村，灰场四周初期坝采用均质土坝，顶宽为 2.0 m，坝高为 2.4 m。均质土坝工程量约为 $1.55\times10^4\ m^3$。坝体填筑采用灰场内土料。坝外坡比为 1∶2，内坡比为 1∶2。

✲ 课前活动

1. 讨论。

(1)填土压实试验有哪些？

____

____

(2)干密度试验、击实试验的操作步骤是什么？

____

____

2. 网络精品在线开放课程利用。

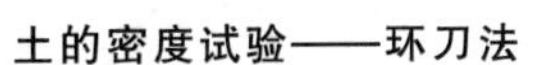
土的密度试验——环刀法

土的密度试验——灌水法

原位密度试验——灌砂法

✲ 必备知识

术语名称	概念	考核结果
黏性土	黏性土(Cohesive Soil)指的是含黏土粒较多、透水性较小的土。其压实后水稳性好，强度较高，毛细作用大。其颗粒细，孔隙小而多，透水性弱，具有膨胀、收缩特性，力学性质随含水量大小而变化	
含有粗料的黏性土	含有砂石土、风化砂石土、软岩等防渗料的黏性土	
无黏性土	无黏性土指的是含黏土粒较少、透水性较大的土，包括粗粒土和粉土	
击实试验	击实试验是指用锤击实土样以了解土的压实特性的一种方法。这个方法是用不同的击实功(锤重×落距×锤击次数)分别锤击不同含水量的土样，并测定相应的干密度，从而计算最大干密度(一般是指骨料堆积或紧密密度)、最优含水量，为填土工程的设计、施工提供依据。击实试验可分为标准击实法和单层击实法两种	

✲ 课程实施

<table>
<tr><th>教学阶段</th><th>教学流程</th><th>学习成果</th><th>教师核查</th><th>能力指标</th></tr>
<tr><td rowspan="2">1. 课前准备</td><td>(1)什么是黏性土、无黏性土；如何区分</td><td></td><td></td><td>C1
E1</td></tr>
<tr><td>(2)查找有关于密度、饱和度、空气体积率、相对密度等的概念</td><td></td><td></td><td>G1</td></tr>
<tr><td>阶段性小结</td><td colspan="4"></td></tr>
<tr><td rowspan="3">2. 课中实施</td><td>(1)讲解判别黏性土压实质量的指标</td><td></td><td></td><td>A1
F1</td></tr>
<tr><td>(2)讲解含有粗料的黏性土(砂石土、风化砂石土、软岩等防渗料)压实质量的指标</td><td></td><td></td><td>E1</td></tr>
<tr><td>(3)讲解无黏性土压实质量的指标</td><td></td><td></td><td>H1</td></tr>
<tr><td>阶段性小结</td><td colspan="4"></td></tr>
<tr><td>3. 课后拓展</td><td>总结本次课程的内容</td><td></td><td></td><td>D1
E1</td></tr>
<tr><td>阶段性小结</td><td colspan="4"></td></tr>
</table>

✲ 检查与记录

课程侧重																	
课程核心能力权重	A. 责任担当		B. 人文素养		C. 工程知识		D. 学习创新		E. 专业技能		F. 职业操守		G. 问题解决		H. 沟通合作		合计
	15%				25%				15%		15%		15%		15%		100%
课程能力指标权重	A1	A2	B1	B2	C1	C2	D1	D2	E1	E2	F1	F2	G1	G2	H1	H2	合计

✲ 课后反思

反思内容	实际效果	改进设想
工作态度、团队合作意识、质量意识		
成果导向应用情况		
本课评分		

✲ 参考资料

质量控制的依据

6.3 质量控制试验方法

✲ 课程信息

1. 基本信息

学生姓名		课程地点		课程时间	
指导教师		哪些同学对我起到帮助	1.	2.	3.
课程项目	质量控制试验方法				

2. 学习目标

课程学习侧重点																	
课程核心能力权重	A. 责任担当		B. 人文素养		C. 工程知识		D. 学习创新		E. 专业技能		F. 职业操守		G. 问题解决		H. 沟通合作		合计
					15%		10%		30%		15%		15%		15%		100%
课程能力指标权重	A1	A2	B1	B2	C1	C2	D1	D2	E1	E2	F1	F2	G1	G2	H1	H2	合计
					15%		10%		30%		15%		15%		15%		100%
知识目标	掌握填土压实质量控制试验																
能力目标	(1)能够完成含水率、密度、筛分试验；(2)能够进行压实度数据处理																
素质与思政目标	结合工程案例，培养学生独立解决问题的能力																

✲ 背景资料

本工程位于××××村，灰场四周初期坝采用均质土坝，顶宽为2.0 m，坝高为2.4 m。均质土坝工程量约为 1.55×10^4 m^3。坝体填筑采用灰场内土料。坝外坡比为 1∶2，内坡比为 1∶2。

✲ 课前活动

1. 讨论。

(1)填土压实现场质量控制的试验项目有哪些？

____

____

(2)查找含水率试验的操作步骤是什么？

____

____

2. 网络精品在线开放课程利用。

土的含水率试验——烘干法

❇ 必备知识

术语名称	概念	考核结果
环刀法	环刀法是用已知质量及容积的环刀，切取土样，称重后减去环刀质量即得土的质量，环刀的容积即土的体积，进而可求得土的密度。测定环刀的质量及体积，切取土样将环刀刃口向下置于土样上，将环刀垂直下压，并用切土力沿环刀外侧切，擦净环刀外壁，称为环刀加土样质量	
灌砂法	灌砂法是很多工程现场测定压实度的主要方法，看上去简单，但实际操作时常常不好掌握，容易引起较大误差，经常引发质量检测、监督部门与施工单位之间的争议。因此，需要有足够的操作水平	

✲ 课程实施

教学阶段	教学流程	学习成果	教师核查	能力指标
1. 课前准备	填土压实质量控制试验项目有哪些			C1 E1
阶段性小结				
2. 课中实施	(1)讲解填土压实质量控制试验项目			F1
	(2)讲解含水率试验			E1
	(3)讲解密度测定			E1
	(4)同位素测定含水率和密度			C1
	(5)现场渗透试验——试坑注水法			G1
	(6)筛分试验			E1
	(7)虹吸管测粗粒比重试验			E1
	(8)快速压实控制试验——三点击实法			E1
	(9)压实计控制法			D1
	(10)现场碾压试验			H1
阶段性小结				
3. 课后拓展	完成灌水法试验数据处理			D1 E1
阶段性小结				

✻ 检查与记录

课程侧重																	
课程核心能力权重	A. 责任担当		B. 人文素养		C. 工程知识		D. 学习创新		E. 专业技能		F. 职业操守		G. 问题解决		H. 沟通合作		合计
					15%		10%		30%		15%		15%		15%		100%
课程能力指标权重	A1	A2	B1	B2	C1	C2	D1	D2	E1	E2	F1	F2	G1	G2	H1	H2	合计

✻ 课后反思

反思内容	实际效果	改进设想
工作态度、团队合作意识、质量意识		
成果导向应用情况		
本课评分		

✻ 参考资料

质量控制试验方法

6.4 土石坝施工及压实质量控制

✲ 课程信息

1. 基本信息

学生姓名		课程地点		课程时间	
指导教师		哪些同学对我起到帮助	1.	2.	3.
课程项目	土石坝施工及压实质量控制				

2. 学习目标

课程学习侧重点																	
课程核心能力权重	A. 责任担当		B. 人文素养		C. 工程知识		D. 学习创新		E. 专业技能		F. 职业操守		G. 问题解决		H. 沟通合作		合计
	15%				15%		10%		15%		15%		15%		15%		100%
课程能力指标权重	A1	A2	B1	B2	C1	C2	D1	D2	E1	E2	F1	F2	G1	G2	H1	H2	合计
	15%				15%		10%		15%		15%		15%		15%		100%
知识目标	(1)了解土石坝施工及压实质量控制的一般原则；(2)掌握现场质量控制内容；(3)了解坝体填筑质量控制内容																
能力目标	能够进行土石坝施工现场质量控制																
素质与思政目标	根据案例，渗透公平公正的职业道德																

✲ 背景资料

本工程位于××××村，灰场四周初期坝采用均质土坝，顶宽为 2.0 m，坝高为 2.4 m。均质土坝工程量约为 1.55×10^{4} m^{3}。坝体填筑采用灰场内土料。坝外坡比为 1∶2，内坡比为 1∶2。

✲ 课前活动

1. 讨论。

土石坝施工中压实质量控制的指标有哪些？

____

____

2. 网络精品在线开放课程利用。

相对密度试验

✻ 必备知识

(1)坝基及岸坡处理。

(2)坝体建筑。

✲ 课程实施

教学阶段	教学流程	学习成果	教师核查	能力指标
1. 课前准备	(1)土石坝施工质量控制包括哪些			C1 E1
	(2)坝基及岸坡处理的内容			G1
阶段性小结				
2. 课中实施	(1)讲解土石坝施工及压实质量控制的一般原则			A1
	(2)讲解现场质量控制内容			F1
	(3)讲解坝体填筑质量控制内容			G1 H1
阶段性小结				
3. 课后拓展	总结本次课程的内容			D1
阶段性小结				

✻ 检查与记录

课程侧重																	
课程核心能力权重	A. 责任担当		B. 人文素养		C. 工程知识		D. 学习创新		E. 专业技能		F. 职业操守		G. 问题解决		H. 沟通合作		合计
	15%				15%		10%		15%		15%		15%		15%		100%
课程能力指标权重	A1	A2	B1	B2	C1	C2	D1	D2	E1	E2	F1	F2	G1	G2	H1	H2	合计

✻ 课后反思

反思内容	实际效果	改进设想
工作态度、团队合作意识、质量意识		
成果导向应用情况		
本课评分		

✻ 参考资料

土石坝施工及压实质量控制

6.5 土石坝统计质量控制和分析

✲ 课程信息

1. 基本信息

学生姓名		课程地点		课程时间	
指导教师		哪些同学对我起到帮助	1.	2.	3.
课程项目	土石坝统计质量控制和分析				

2. 学习目标

课程学习侧重点																	
课程核心能力权重	A. 责任担当		B. 人文素养		C. 工程知识		D. 学习创新		E. 专业技能		F. 职业操守		G. 问题解决		H. 沟通合作		合计
					30%		10%		15%		15%		30%				100%
课程能力指标权重	A1	A2	B1	B2	C1	C2	D1	D2	E1	E2	F1	F2	G1	G2	H1	H2	合计
					30%		10%		15%		15%		30%				100%
知识目标	掌握计算控制线的试样组数																
能力目标	能够绘制干密度、含水率的分布曲线																
素质与思政目标	具备独立解决问题的能力																

✲ 背景资料

本工程位于××××村，灰场四周初期坝采用均质土坝，顶宽为 2.0 m，坝高为 2.4 m。均质土坝工程量约为 1.55×10^{4} m^{3}。坝体填筑采用灰场内土料。坝外坡比为 1∶2，内坡比为 1∶2。

✲ 课前活动

1. 讨论。

什么是数理统计？

____

____

____

____

2. 网络精品在线开放课程利用。

碾压试验

✲ 必备知识

术语名称	概念	考核结果
数理统计	数理统计是数学系各专业的一门重要课程。通过对某些现象的频率的观察来发现该现象的内在规律性，并做出一定精确程度的判断和预测。数理统计在自然科学、工程技术、管理科学及人文社会科学中得到越来越广泛和深刻的应用	
颗粒级配	颗粒级配又称(粒度)级配，是指由不同粒度组成的散状物料中各级粒度所占的数量。常以占总量的百分数来表示。由不间断的各级粒度所组成的称为连续级配；只由某几级粒度所组成的称为间断级配。合理的颗粒级配是使配料获得低气孔率的重要途径	

✲ 课程实施

<table>
<tr><th>教学阶段</th><th>教学流程</th><th>学习成果</th><th>教师核查</th><th>能力指标</th></tr>
<tr><td rowspan="2">1. 课前准备</td><td>(1)土石坝施工及压实控制指标有哪些</td><td></td><td></td><td>C1</td></tr>
<tr><td>(2)查找数理统计、颗粒级配等概念</td><td></td><td></td><td>G1</td></tr>
<tr><td>阶段性小结</td><td colspan="4"></td></tr>
<tr><td rowspan="3">2. 课中实施</td><td>(1)讲解土石坝填土压实的质量控制</td><td></td><td></td><td>C1</td></tr>
<tr><td>(2)实例计算某工程 $\overline{x}-R$ 控制图的试样组数</td><td></td><td></td><td>D1
G1</td></tr>
<tr><td>(3)讲解干密度、含水率的分布曲线的颗粒级配曲线</td><td></td><td></td><td>F1</td></tr>
<tr><td>阶段性小结</td><td colspan="4"></td></tr>
<tr><td>3. 课后拓展</td><td>总结本次课程的内容</td><td></td><td></td><td>E1</td></tr>
<tr><td>阶段性小结</td><td colspan="4"></td></tr>
</table>

✲ 检查与记录

课程侧重																	
课程核心能力权重	A. 责任担当		B. 人文素养		C. 工程知识		D. 学习创新		E. 专业技能		F. 职业操守		G. 问题解决		H. 沟通合作		合计
					30%		10%		15%		15%		30%				100%
课程能力指标权重	A1	A2	B1	B2	C1	C2	D1	D2	E1	E2	F1	F2	G1	G2	H1	H2	合计

✲ 课后反思

反思内容	实际效果	改进设想
工作态度、团队合作意识、质量意识		
成果导向应用情况		
本课评分		

✲ 参考资料

土石坝统计质量控制和分析

模块 7　混凝土拌制质量要求

7.1　原材料质量控制

✲ 课程信息

1. 基本信息

学生姓名		课程地点		课程时间	
指导教师		哪些同学对我起到帮助	1.	2.	3.
课程项目	原材料质量控制				

2. 学习目标

<table>
<tr><td colspan="18">课程学习侧重点</td></tr>
<tr><td rowspan="2">课程核心能力权重</td><td colspan="2">A. 责任担当</td><td colspan="2">B. 人文素养</td><td colspan="2">C. 工程知识</td><td colspan="2">D. 学习创新</td><td colspan="2">E. 专业技能</td><td colspan="2">F. 职业操守</td><td colspan="2">G. 问题解决</td><td colspan="2">H. 沟通合作</td><td>合计</td></tr>
<tr><td colspan="2">15%</td><td colspan="2">15%</td><td colspan="2">15%</td><td colspan="2">10%</td><td colspan="2"></td><td colspan="2">15%</td><td colspan="2">15%</td><td colspan="2">15%</td><td>100%</td></tr>
<tr><td rowspan="2">课程能力指标权重</td><td>A1</td><td>A2</td><td>B1</td><td>B2</td><td>C1</td><td>C2</td><td>D1</td><td>D2</td><td>E1</td><td>E2</td><td>F1</td><td>F2</td><td>G1</td><td>G2</td><td>H1</td><td>H2</td><td>合计</td></tr>
<tr><td>15%</td><td></td><td>15%</td><td></td><td>15%</td><td></td><td>10%</td><td></td><td></td><td></td><td>15%</td><td></td><td>15%</td><td></td><td>15%</td><td></td><td>100%</td></tr>
<tr><td>知识目标</td><td colspan="17">(1)熟悉原材料的基本性能参数；(2)掌握原材料与混凝土的关系；(3)熟悉搅拌站原材料控制项目</td></tr>
<tr><td>能力目标</td><td colspan="17">(1)能够说出水泥与混凝土质量的关系；(2)能够阐述砂与混凝土质量的关系；(3)能够说出石料进场质量控制项目</td></tr>
<tr><td>素质与思政目标</td><td colspan="17">(1)培养学生踏实勤奋、吃苦耐劳、精益求精、实践创新的工匠精神；(2)培养学生的安全意识、质量意识、环保意识；(3)培养学生的团结合作意识</td></tr>
</table>

✲ 背景资料

《混凝土质量控制标准》(GB 50164—2011)规定，水泥的质量控制项目应包括凝结时间、安定性、胶砂强度、氧化镁和氯离子含量，碱含量低于0.6%的水泥主要控制项目还应包括碱含量，中、低热硅酸盐水泥或低热矿渣硅酸盐水泥的主要控制项目还应包括水化热。

北京市为了加强预拌混凝土所用原材料的质量管理，在多个规范中规定了原材料的进场检验项目。《预拌混凝土质量管理规程》(DB11/T 385—2019)中对各种原材料进场复试项目和检验批次进行了规定；《建筑工程资料管理规程》(DB11/T 695—2017)中常用建筑材料进场复验项目表中，规定了进场复检项目、组批原则及取样规定等，北京市所有的建设单位必须根据该规范要求进行原材料的进场复验，并根据其他国家标准规范进行其他控制项目的补充试验。北京市将水泥的强度、凝结时间、安定性作为进场检验项目，要求搅拌站按批次进行试验。同厂家、同品种、同等级的散装水泥不超过 500 t 为一检验批；当同厂家、同品种、同等级的散装水泥连续进场且质量稳定时，可按不超过 1 000 t 为一检验批。本书也将以这些检验项目作为主要的控制项目。

目前大力推广的高性能混凝土，其核心要求就是高耐久性。为了满足现代混凝土的高性能要求，熟悉对细骨料、粗骨料检测项目控制，同时，深刻了解粗、细骨料与混凝土质量的关系，进而提高混凝土的耐久性。

✲ 课前活动

1. 讨论。

(1)《通用硅酸盐水泥》(GB 175—2007)对硅酸盐水泥质量要求有哪些？

(2)《建设用砂》(GB/T 14684—2022)对砂的质量要求有哪些？

(3)《混凝土质量控制标准》(GB 50164—2011)规定粗骨料的质量控制项目有哪些？

2. 网络精品在线开放课程利用。

检测和试验工作流程

原材料检测流程

✲ 必备知识

1. 有关概念、术语

术语名称	概念	考核结果
混凝土配合比	混凝土配合比是指单位体积的混凝土中各组成材料的质量比例	
水胶比	水胶比是指单位用水量与胶凝材料的比值	
坍落度设计值	坍落度设计值是一个单独的数值，可以在相应规范表中的范围内确定一个数，如设计值应为200 mm，但不能确定为一个范围	
坍落度允许偏差	坍落度允许偏差为混凝土实测坍落度与要求坍落度之间的允许偏差，因试验手法、装料、插捣等工序存在差别，允许不同坍落度的混凝土存在一定的检测误差。例如，坍落度大于 100 mm 时的允许检测误差为±30 mm。	

续表

术语名称	概念	考核结果
坍落度控制范围	坍落度控制范围是工地根据设计要求，为了保证混凝土坍落度的稳定性而确定的一个范围，如控制范围为200 mm±20 mm；控制范围应与允许偏差相匹配，如果控制范围远低于允许偏差，搅拌站将很难控制。 例如，某柱子的配合比，其设计坍落度为200 mm，坍落度允许偏差为±30 mm，控制范围可以为200 mm±20 mm	

2. 使用规范

序号	规范名称	对规范熟悉情况	考核结果
1	《普通混凝土配合比设计规程》(JGJ 55－2011)	1. 是/否准备好规范？电子版还是纸质版？ 2. 是/否提前预习规范？能准确说出还是能大致说出	
2	《水工混凝土配合比设计规范》(DL/T 5330－2015)		
3	《建筑工程冬期施工规程》(JGJ/T 104－2011)		

✲ 课程实施

教学阶段	教学流程	学习成果	教师核查	能力指标
1. 课前准备	(1)查阅有关规范、标准，了解有关概念及特性			D1
	(2)《混凝土质量控制标准》(GB 50164－2011)规定粗骨料的质量控制项目			D1
阶段性小结				
2. 课中实施	(1)水泥的质量变化对混凝土质量的影响： 1)强度； 2)细度：①混凝土工作性；②混凝土强度；③混凝土耐久性。 3)凝结时间； 4)温度； 5)混合材料			C1
	(2)采用试验证明粉煤灰在混凝土中的作用： 1)粉煤灰的使用减少了水泥用量，节省成本。 2)降低混凝土的坍落度经时损失，提高混凝土的可泵性。 3)提高混凝土的后期强度。 4)混凝土的收缩大部分是水化物凝胶孔脱水形成的，而粉煤灰混凝土的水化产物要比纯水泥混凝土浆体少很多，因此，优质粉煤灰配制的混凝土收缩和徐变均小于普通混凝土，劣质粉煤灰因颗粒和炭粒的吸附性大，可能增加混凝土的收缩和徐变。 5)粉煤灰的掺入改善了混凝土的耐久性能，提高硬化混凝土的抗渗性，耐化学侵蚀性、抗钢筋锈蚀性能，减少钢筋受 Cl^- 锈蚀的危险，减少碱集料反应引起的膨胀等。对粉煤灰混凝土的抗冻性能有两种不同的观点：一种观点认为，粉煤灰混凝土的抗冻性能比普通混凝土差，需要掺加引气剂来改善其抗冻性能；另一种观点认为，粉煤灰混凝土抗冻性能差的原因是检测龄期较早造成的，此时粉煤灰作用没有完全发挥，影响了早期抗冻性能，如延长检测龄期，粉煤灰混凝土的抗冻性能完全可以达到甚至超过普通混凝土。 (3)砂质量控制项目。《混凝土质量控制标准》(GB 50164—2011)规定，砂的质量控制项目应包括颗粒级配、细度模数、含泥量、泥块含量、坚固性、氯离子含量和有害物质含量；海砂主要控制项目除应包括上述指标外，还应包括贝壳含量；人工砂主要控制项目除应包括上述指标外，还应包括石粉含量和压碎值指标，人工砂主要控制项目可不包括氯离子含量和有害物质含量。 《普通混凝土用砂、石质量及检验方法标准》(JGJ 52－2006)规定，每验收批砂石至少应进行颗粒级配、含泥量、泥块含量检验。对于海砂或有氯离子污染的砂，还应检验其氯离子含量；对于海砂，还应检验贝壳			F1 G1 H1

续表

<table>
<tr><th>教学阶段</th><th>教学流程</th><th>学习成果</th><th>教师核查</th><th>能力指标</th></tr>
<tr><td>2. 课中实施</td><td>含量；对于人工砂及混合砂，还应检验石粉含量。对于重要工程或特殊工程，应根据工程要求增加检验项目。对其他指标的合格性有怀疑时，应予以检验。使用单位应按砂或石的同产地同规格分批验收，应以400 m³或600 t为一检验批。当砂或石的质量比较稳定、进料量又较大时，可以1 000 t为一检验批。
一般搅拌站按照行业标准《普通混凝土用砂、石质量及检验方法标准》(JGJ 52—2006)进行控制。
1)颗粒级配按标准的试验方法进行筛分，控制在相应的区域内。对级配不合理的砂子，可以通过多级配的方式进行调整。
2)含泥量是砂的最重要指标之一，应按标准要求严格控制。有条件的搅拌站应根据不同的含泥量区域，分仓存储，搭配使用。
3)人工砂的石粉含量应根据试配情况确定一个标准允许范围内的最高值，并进行严格的质量控制。
4)含水率、含石率。含水率、含石率是天然砂变动较大的两个性能参数，应按设定的限值进行严格控制。有条件的搅拌站应对不同含水或含石的砂分仓存储，搭配使用。或者通过均化工艺进行处理。
(4)砂进场快速检验项目。砂进场快速检验项目为含泥量(石粉含量)、含水率、含石率。根据不同来源、不同供应商等情况，进行逐车检验、规定车次检验或每日检验等。
为了达到快速试验的目的，其试验方法与标准试验方法不同。通过电磁炉、微波炉等进行烘干处理后，进行相关试验。含水率、含石率通过直接烘干后计算，含泥量直接在80 μm筛上进行水洗后，再烘干后计算。
这些计算结果与标准的试验结果基本一致，作为快速检验用于生产控制非常有效。
(5)粗集料的质量控制项目。《混凝土质量控制标准》(GB 50164—2011)规定，粗集料的质量控制项目应包括颗粒级配、针片状颗粒含量、含泥量、泥块含量、压碎值指标和坚固性。用于高强度混凝土的粗集料主要控制项目还应包括岩石抗压强度。
《普通混凝土用砂、石质量及检验方法标准》(JGJ 52—2006)规定，每验收批砂石至少应进行颗粒级配、含泥量、泥块含量检验。对于碎石或卵石，还应检验针片状颗粒含量。对于重要工程或特殊工程，应根据工程要求增加检验项目。对其他指标的合格性有怀疑时，应予以检验。使用单位应按砂或石的同产地同规格分批验收，应以400 m³或600 t为一检验批。当砂或石的质量比较稳定、进料量又较大时，可以1 000 t为一检验批。
(6)改善集料品质的主要技术措施。
(1)细集料。
1)细集料目前存在的问题。
①级配。天然砂受地域、产量、环保等限制，级配状况多不理想，而人工砂与加工设备、生产工艺有关，正常情况下可以生产出级配合格的砂。但受到利益的驱动及生产规模的限制，很多厂家生产人工砂的设备落后、质量控制不健全，造成人工砂的级配和粒形存在很多问题。</td><td></td><td></td><td>B1
C1</td></tr>
</table>

续表

教学阶段	教学流程	学习成果	教师核查	能力指标
2. 课中实施	②含泥量、含石率。对于砂源紧张的地区，砂质量受市场左右，经常出现“萝卜快了不洗泥”的局面，而用户的选择余地很小，只能被动接受，因此含泥量、含石率经常超标。 ③人工砂石粉含量。对人工砂中石粉的作用没有正确的认识，部分厂家控制不严，石粉含量偏高，或者直接将石粉洗掉，造成石粉含量过低。 2)改善技术措施。天然砂级配改善措施不多，应创造条件，争取采用多级配措施。多级配集料既能解决集料级配差的问题，同时，也能充分发挥不同级配区间集料的互补性，例如，用较粗的机制砂和天然细砂混合使用，不仅可以实现细度模数根据强度等级进行调整，还可以解决单独使用机制砂石粉含量高、单独使用天然砂细度模数小和含泥量高的问题，并且这种砂完全不含石，解决了因含石量变化造成砂率波动对混凝土的不利影响；高石粉含量的机制砂可以与天然砂混合使用，可以改善因石粉含量高造成的流动性差、坍落度损失快的问题等。 (2)粗集料。 1)粗集料目前存在的问题。 ①粒形。针对粗集料针片状颗粒定义，国内外有所区别，如针状集料，要点为颗粒的长度与该颗粒平均粒径的比值，中国定义为大于2.4，英国定义为大于1.8；片状集料，要点为颗粒的厚度与该颗粒平均粒径的比值，中国定义为小于0.4，英国定义为小于0.6。两项比较，国内对粗集料针片状颗粒的定义过宽。在这样定义的前提下，即使标准中的指标控制相同，集料粒形的实际情况却大不同。 ②空隙率。目前标准没有对空隙率提出控制指标。 2)改善技术措施。 ①增加空隙率指标限制。通过针片状含量和空隙率两个指标双重控制来达到提高石子品质的目的。 ②应转变观念，尽可能使用单粒级分别计量，多级配措施。 ③改进破碎整形工艺，以获得更为规整的各粒级石子			A1 A1 G1
阶段性小结				
3. 课后拓展	查阅外加剂的相容性及外加剂的种类和作用			D1
阶段性小结				

✲ 检查与记录

课程侧重																	
课程核心能力权重	A. 责任担当		B. 人文素养		C. 工程知识		D. 学习创新		E. 专业技能		F. 职业操守		G. 问题解决		H. 沟通合作		合计
	15%		15%		15%		10%				15%		15%		15%		100%
课程能力指标权重	A1	A2	B1	B2	C1	C2	D1	D2	E1	E2	F1	F2	G1	G2	H1	H2	合计

✲ 课后反思

反思内容	实际效果	改进设想
工作态度、团队合作意识、质量意识		
成果导向应用情况		
本课评分		

✲ 参考资料

原材料质量控制

7.2 原材料性能检测

7.2.1 水泥性能检测——水泥密度试验

✲ 课程信息

1. 基本信息

学生姓名		课程地点		课程时间	
指导教师		哪些同学对我起到帮助	1.	2.	3.
课程项目	水泥性能检测——水泥密度试验				

2. 学习目标

课程学习侧重点																	
课程核心能力权重	A. 责任担当		B. 人文素养		C. 工程知识		D. 学习创新		E. 专业技能		F. 职业操守		G. 问题解决		H. 沟通合作		合计
	15%		15%		15%		10%				15%		15%		15%		100%
课程能力指标权重	A1	A2	B1	B2	C1	C2	D1	D2	E1	E2	F1	F2	G1	G2	H1	H2	合计
	15%		15%		15%		10%				15%		15%		15%		100%
知识目标	(1)掌握水泥密度的概念；(2)熟悉影响密度的因素																
能力目标	(1)能够掌握水泥密度检测步骤；(2)会进行结果分析与评价																
素质与思政目标	(1)养成学习积累习惯，不断进取、严谨求实的工作态度；(2)能够进行有效的沟通和交流，具备团队合作意识；(3)培养学生工程质量意识，坚守职业道德																

✲ 背景资料

某亲水平台框架混凝土结构工程施工，包括基坑开挖、垫层施工、基础施工、基础梁柱框架施工、平台混凝土施工和平台钢护栏安装。在施工过程中，业主巡查发现混凝土基础表面有浮渣，对现场监理和施工单位提出怀疑并要求彻查，现怀疑基坑泡水、天气寒冷、混凝土泌水未及时排出、水泥错用、配合比控制不严等多个原因，需要对水泥品质进行检验，核对是否满足设计和原材料质量要求，水泥进场牌号为 P. O42.5，取样地点为施工现场。

✲ 课前活动

1. 讨论。

(1)什么是胶凝材料？

(2)水泥六大性能指标有哪些？

(3)什么是绝对密实状态？

2. 网络精品在线开放课程利用。

水泥密度试验方法

✲ 必备知识

1. 混凝土常用原材料组成水泥密度测定方法

原材料种类	举例	考核结果	能力指标
水泥	通用硅酸盐水泥：硅酸盐水泥、普通硅酸盐水泥、矿渣硅酸盐水泥、复合硅酸盐水泥、粉煤灰硅酸盐水泥、火山灰质硅酸盐水泥		C1
掺合料	粉煤灰、矿粉、硅灰等		
骨料	粗骨料：石(卵石、碎石) 细骨料：砂(河砂、山砂、海砂)(天然砂、机制砂)		
水	拌合用水：饮用水、地下水、地表水		
外加剂	减水剂、引气剂、泵送剂、速凝剂、缓凝剂、防冻剂、防水剂、膨胀剂等		

2. 使用规范

序号	检测项目	技术要求《通用硅酸盐水泥》(GB 175－2007)	检验方法	取样频率及数量	对规范熟悉情况	能力指标
1	凝结时间	初凝≥45 min，终凝≤600 min(硅酸盐水泥终凝≤390 min)	GB/T 1346－2011	检验频次： (1)同厂家、同编号、同规格的产品每 500 t 为一批，不足 500 t 按一批计。 (2)可连续取样，也可从 20 个以上不同部位取等量样品，总量至少 12 kg	1. 是/否准备好规范？电子版还是纸质版？ 2. 是/否提前预习规范？能准确说出还是能大致说出	D1 G1
2	安定性	沸煮法合格	GB/T 1346－2011			
3	强度	符合《通用硅酸盐水泥》(GB 175－2007)	GB/T 17671－2021			
4	MgO 含量	≤6.0%(硅酸盐水泥、普通硅酸盐水泥≤5.0%)	GB/T 176－2017			
5	Cl^- 含量	≤0.06%	GB/T 176－2017			
6	碱含量	≤0.60%	GB/T 176－2017			
7	水化热	—	GB/T 12959－2008			
8	比表面积	≥300 m^2/kg(硅酸盐水泥、普通硅酸盐水泥)	GB/T 8074－2008			
9	细度	80 μm≤10%；45 μm≤30%	GB/T 1345－2005			
10	烧失量	≤5.0%(P·O)；≤3.5%(P·Ⅱ)；≤3.0%(P·Ⅰ)	GB/T 176－2017			
11	SO3 含量	≤3.5%；≤4.0%(P·S)	GB/T 176－2017			
12	不溶物	≤1.5%(P·Ⅱ)；≤0.75%(P·Ⅰ)	GB/T 176－2017			

3. 水泥的取样

(1)手工取样。对于散装水泥，当所取水泥深度不超过 2 m 时，每一编号内采用散装水泥取样器随机取样。通过转动取样器内管控制开关，在适当位置插入水泥一定深度，关闭后小心抽出，将所取样品放入容器中。每次抽取的单样量应尽量一致。

对于袋装水泥，每一编号内随机抽取不少于 20 袋水泥，采用袋装水泥取样器取样，将取样器沿对角线方向插入水泥包装袋中，用大拇指按住气孔，小心抽出取样管，将所取样品放入容器中。每次抽取的单样量应尽量一致。

(2)自动取样。采用自动取样器取样。该装置一般安装在尽量接近于水泥包装机或散装容器的管路中，从流动的水泥中取出样品，将所取样品放入符合要求的容器中。

4. 水泥密度试验(GB/T 1346－2011)

(1)原理。因水泥是粉状物料，采用排液法测定其体积，又因水泥与水起反应，故液体采用无水煤油或蔗糖水。

(2)仪器设备。

1)李氏密度瓶：容积为 220～250 mL，带有长 18～20 cm、直径约为 1 cm 的细颈，细颈有刻度，精度为 0.1 mL。

2)恒温水槽或其他能保持恒温的盛水玻璃容器，恒温温度应能维持在 20 ℃±10 ℃。

3)天平(感量 0.01 g)、温度计、烘箱、无水煤油等。

4)量筒或滴定管：精度±0.5 mL。

(3)试验条件。

1)实验室温度为 20 ℃±10 ℃，相对湿度应不低于 50%。

2)水泥试样、拌合水、仪器和用具的温度应与实验室一致。

✲ 课程实施

教学阶段	教学流程	学习成果	教师核查	能力指标
1. 试验前准备工作	(1)记录环境温、湿度(温度 20 ℃±2 ℃、湿度≥50%)，水泥试样、拌合水、仪器和用具的温度应与实验室一致			F1
	(2)天平调平、校准、零点校核			F1
阶段性小结				
2. 试件的制备	按规定取样后，称取约 400 g 水泥，放入烘箱内，在 110 ℃±5 ℃的温度下烘干 1 h，而后冷却至室温(室温应控制在 20 ℃±10 ℃)			E1、G1
阶段性小结				
3. 开始试验	(1)称取烘干水泥试样 60 g(精确至 0.01 g)，记为 m，备用			E1、G1、H1
	(2)将煤油注入清洁、干燥的密度瓶内，直至液面下部达到“0～1 mL”之间刻度，盖上瓶塞。再将装好煤油的密度瓶放入 20 ℃±1 ℃的恒温水槽内使刻度部分浸入水中恒温至少 0.5 h，记录恒温后密度瓶液面的刻度(记录至 0.05 mL)，记为 V_0			E1、G1、H1
	(3)用滤纸将瓶细长颈内没有煤油的部分仔细擦干净，将试样用小匙一点点地全部装入密度瓶中			E1、G1、H1
	(4)盖上瓶塞，将密度瓶反复摇动，直至无气泡排出。再将瓶置于恒温水槽中，恒温至少 0.5 h，记录液面的刻度 V_1			E1、G1、H1
阶段性小结				
4. 试验结果计算及结果评定	(1)清理、归位、关机，完善仪器设备运行记录			F1、H1
	(2)水泥密度 $\rho=m/v=m/(V_1-V_0)$ 《水泥密度测定方法》(GB/T 208—2014)规定，水泥密度试验结果精确至 0.01 g/cm^3			F1、H1
	注：水泥密度试验应做两次，以两次试验结果的算术平均值作为测定值；若两次试验结果的差超过 0.02 g/cm^3，应重做试验			F1
阶段性小结				

✼ 完成质量

1＋X 土木工程混凝土材料检测技能等级证书考核标准。

考核评分记录表

技能要素	技术要求	配分	评分标准	量化分值	得分
试验仪器设备准备及校验	计量仪器设备试验前校准	10	天平校准、调平、归零，5分	5	
	检查仪器设备是否运行正常		开机运转检查，2分	2	
	检查试验环境是否满足要求		温、湿度满足要求，3分	3	
水泥密度测定试验操作	水泥试样、拌合水、仪器和用具的温度与实验室温度一致	48	温度符合要求，3分	3	
	称取烘干水泥试样60 g(精确至0.01 g)，记为m，备用		称量错误扣5分	5	
	将煤油或蒸馏水注入清洁、干燥的密度瓶内，直至液面下部达到“0～1 mL”之间刻度，盖上瓶塞		有液体洒落扣5分；读数正确，5分	10	
	用滤纸将瓶细长颈内没有煤油的部分仔细擦干净，将试样用小匙一点点地全部装入密度瓶中		操作过程中，有水泥散落李氏比重瓶外扣10分	15	
	盖上瓶塞，将密度瓶反复摇动，直至无气泡排出。再将瓶置于恒温水槽中，恒温至少0.5 h，记录液面的刻度V_1		操作规范，15分；期间不摇动密度瓶扣5分	15	
计算与试验技巧	水泥密度$\rho=m/v=m/(V_1-V_0)$ 《水泥密度测定方法》(GB/T 208—2014)规定，水泥密度试验结果精确至0.01 g/cm^3	30	计算正确，10分；结果精确准确，5分	15	
	水泥密度试验应做两次，以两次试验结果的算术平均值作为测定值；若两次试验结果的差超过0.02 g/cm^3，应重做试验		按规定完成此项要求，15分	15	
规程、试验设备事故处理及安全文明试验	试验中注意安全(电源使用、试件安放、测试)	12	有安全隐患扣5分	5	
	试验后仪器设备的维护(电器、仪器、量具的检查与处置)		电源不关扣2分，仪器摆放不整齐扣1分	3	
	试验后场所清理		未清洁扣2分；清洁不完全扣1分	2	
	各种记录填写		未填写扣2分，错误扣1分	2	

✲ 检查与记录

课程侧重																	
课程核心能力权重	A. 责任担当		B. 人文素养		C. 工程知识		D. 学习创新		E. 专业技能		F. 职业操守		G. 问题解决		H. 沟通合作		合计
	15%		15%		15%		10%				15%		15%		15%		100%
课程能力指标权重	A1	A2	B1	B2	C1	C2	D1	D2	E1	E2	F1	F2	G1	G2	H1	H2	合计

✲ 课后反思

反思内容	实际效果	改进设想
工作态度、团队合作意识、质量意识		
成果导向应用情况		
本课评分		

✲ 参考资料

密度与堆积密度

原材料性能检测

7.2.2 水泥性能检测——水泥标准稠度用水量试验

✲ 基本信息

1. 基本信息

学生姓名		课程地点		课程时间	
指导教师		哪些同学对我起到帮助	1.	2.	3.
课程项目	水泥性能检测——水泥标准稠度用水量试验				

2. 学习目标

课程学习侧重点																	
课程核心能力权重	A. 责任担当		B. 人文素养		C. 工程知识		D. 学习创新		E. 专业技能		F. 职业操守		G. 问题解决		H. 沟通合作		合计
	15%				15%		10%		15%		15%		15%		15%		100%
课程能力指标权重	A1	A2	B1	B2	C1	C2	D1	D2	E1	E2	F1	F2	G1	G2	H1	H2	合计
	15%		15%		15%		10%				15%		15%		15%		100%
知识目标	(1)掌握水泥标准稠度用水量概念；(2)熟悉影响因素																
能力目标	(1)能够掌握水泥标准稠度用水量的检测步骤；(2)会进行结果分析与评价																
素质与思政目标	(1)养成积极思考、严谨求实的工作态度；(2)能够进行有效的交流，具备团队合作意识；(3)培养学生工程质量意识																

✲ 背景资料

某自行车厂的链条车间，为多层框架结构，二层楼面面积为 1 080 m²，预制楼板，用双向配筋 C20 细石混凝土做找平层，厚度为 50 mm，面层用20 mm厚 1∶2.5 的水泥砂浆。楼面在 6 月 12 日到 6 月 23 日施工，7 月 18 日发现局部有裂缝，到 9 月 17 日已有 80%裂缝现象。调查现场所用的原材料和施工工艺，水泥为矿渣硅酸盐水泥 32.5 级，碎石粒径为 15 mm 以内级配良好的细石子，含泥量小于 1%；中砂，含泥量小于 2%。混凝土和砂浆在现场搅拌，按配合比计量，且计量严格。结构层认真刮除灰疙瘩，用水清洗，刷水泥浆黏结层，整个楼面地面裂缝分割伸缩缝。分析原因后，需要对水泥品质进行检验，核对是否满足设计和原材料质量要求，取样地点为施工现场(该项工程处理方法：全部铲除原地面的水泥砂浆层，水泥改用普通硅酸盐 42.5 级水泥)。

❋ 课前活动

1. 讨论。

(1)什么是水泥标准稠度?

____

____

____

____

(2)影响水泥凝结硬化的因素有哪些?

____

____

____

____

(3)简述掺混合材料的硅酸盐类水泥的水化过程。

____

____

____

____

2. 网络精品在线开放课程利用。

水泥标准稠度用水量试验

❋ 必备知识

1. 混凝土常用原材料组成

原材料种类	举例	考核结果	能力指标
水泥	通用硅酸盐水泥:硅酸盐水泥、普通硅酸盐水泥、矿渣硅酸盐水泥、复合硅酸盐水泥、粉煤灰硅酸盐水泥、火山灰质硅酸盐水泥		C1
掺合料	粉煤灰、矿粉、硅灰等		
骨料	粗骨料:石(卵石、碎石) 细骨料:砂(河砂、山砂、海砂)(天然砂、机制砂)		
水	拌合用水:饮用水、地下水、地表水		
外加剂	减水剂、引气剂、泵送剂、速凝剂、缓凝剂、防冻剂、防水剂、膨胀剂等		

2. 使用规范

<table>
<tr><th>序号</th><th>检测项目</th><th>技术要求《通用硅酸盐水泥》(GB 175－2007)</th><th>检验方法</th><th>取样频率及数量</th><th>对规范熟悉情况</th><th>能力指标</th></tr>
<tr><td>1</td><td>凝结时间</td><td>初凝≥45 min，终凝≤600 min(硅酸盐水泥终凝≤390 min)</td><td>GB/T 1346－2011</td><td rowspan="12">检验频次：
(1)同厂家、同编号、同规格的产品每 500 t 为一批，不足 500 t 按一批计。
(2)可连续取样，也可从 20 个以上不同部位取等量样品，总量至少 12 kg</td><td rowspan="12">1. 是/否准备好规范？电子版还是纸质版？
2. 是/否提前预习规范？能准确说出还是能大致说出</td><td rowspan="12">D1
G1</td></tr>
<tr><td>2</td><td>安定性</td><td>沸煮法合格</td><td>GB/T 1346－2011</td></tr>
<tr><td>3</td><td>强度</td><td>符合《通用硅酸盐水泥》(GB 175－2007)</td><td>GB/T 17671－2021</td></tr>
<tr><td>4</td><td>MgO 含量</td><td>≤6.0%(硅酸盐水泥、普通硅酸盐水泥≤5.0%)</td><td>GB/T 176－2017</td></tr>
<tr><td>5</td><td>Cl^- 含量</td><td>≤0.06%</td><td>GB/T 176－2017</td></tr>
<tr><td>6</td><td>碱含量</td><td>≤0.60%</td><td>GB/T 176－2017</td></tr>
<tr><td>7</td><td>水化热</td><td>—</td><td>GB/T 12959－2008</td></tr>
<tr><td>8</td><td>比表面积</td><td>≥300 m^2/kg(硅酸盐水泥、普通硅酸盐水泥)</td><td>GB/T 8074－2008</td></tr>
<tr><td>9</td><td>细度</td><td>80 μm≤10%；45 μm≤30%</td><td>GB/T 1345－2005</td></tr>
<tr><td>10</td><td>烧失量</td><td>≤5.0%(P·O)；≤3.5%(P·Ⅱ)；≤3.0%(P·Ⅰ)</td><td>GB/T 176－2017</td></tr>
<tr><td>11</td><td>SO_3 含量</td><td>≤3.5%；≤4.0%(P·S)</td><td>GB/T 176－2017</td></tr>
<tr><td>12</td><td>不溶物</td><td>≤1.5%(P·Ⅱ)；≤0.75%(P·Ⅰ)</td><td>GB/T 176－2017</td></tr>
</table>

3. 水泥的取样

(1)手工取样。对于散装水泥，当所取水泥深度不超过 2 m 时，每一编号内采用散装水泥取样器随机取样。通过转动取样器内管控制开关，在适当位置插入水泥一定深度，关闭后小心抽出，将所取样品放入容器中。每次抽取的单样量应尽量一致。

对于袋装水泥，每一编号内随机抽取不少于 20 袋水泥，采用袋装水泥取样器取样，将取样器沿对角线方向插入水泥包装袋中，用大拇指按住气孔，小心抽出取样管，将所取样品放入容器中。每次抽取的单样量应尽量一致。

(2)自动取样。自动取样采用自动取样器取样。该装置一般安装在尽量接近于水泥包装机或散装容器的管路中，从流动的水泥中取出样品，将所取样品放入符合要求的容器中。

4. 标准稠度用水量试验(GB/T 1346－2011)

(1)原理。水泥浆稠度不同，对沉入其中一定质量的试杆的阻力就不同，试杆沉入的深度也就不同。国家标准《水泥标准稠度用水量、凝结时间、安定性检验方法》(GB/T 1346－2011)规定，以试杆沉入规定深度(标准深度)所对应的水泥浆稠度为标准稠度，达到标准稠度水泥中应加入的水量(以水用量占水泥质量的百分数表示)为标准稠度用水量。

(2)仪器设备。

1)水泥净浆搅拌机：符合《水泥净浆搅拌机》(JC/T 729—2005)的要求。

2)标准法维卡仪(图 7-1)。

3)量筒或滴定管：精度为±0.5 mL。

4)天平：最大称量不小于 1 000 g，分度值不大于 1 g。

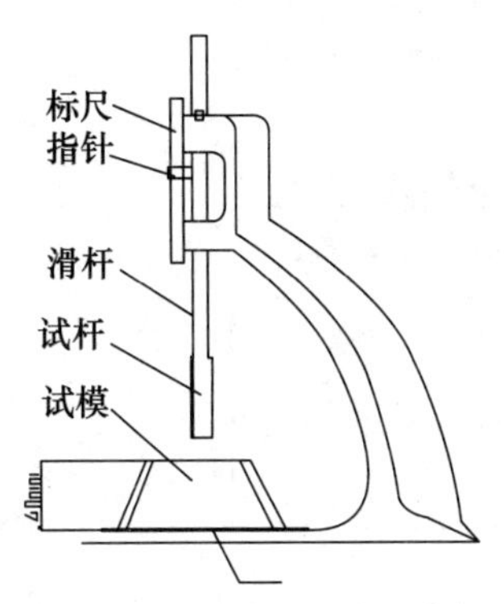

图 7-1 标准稠度测定维卡仪

(3)试验条件。

1)实验室温度为 20 ℃±2 ℃，相对湿度应不低于 50%；水泥试样、拌合水、仪器和用具的温度应与实验室一致。

2)湿气养护箱的温度为 20 ℃±1 ℃，相对湿度不低于 90%。

❊ 课程实施

教学阶段	教学流程	学习成果	教师核查	能力指标
1. 试验前准备工作	(1)记录环境温、湿度(温度 20 ℃±2 ℃，湿度≥50%)，水泥试样、拌合水、仪器和用具的温度应与实验室一致			F1
	(2)天平零点校准；维卡仪的滑竿能正常滑动，试模和玻璃板用湿布擦拭，将试模放在底板上			F1
	(3)调整至试杆接触玻璃板时指针对准零点			F1
	(4)搅拌机运行正常，并用湿布将搅拌锅和搅拌叶片擦拭包裹			F1
阶段性小结				
2. 水泥净浆的拌制	(1)称取 500 g(m_0)水泥，量取按经验估计的水量			E1、G1
	(2)先将水倒入搅拌锅，然后在 5～10 s 内小心地将水泥倒入锅内，将锅放在搅拌机锅座上，升至搅拌位置			E1、G1
	(3)启动搅拌机，慢速搅拌 120 s，停机 15 s，再快速搅拌 120 s，停机			E1、G1
阶段性小结				
3. 标准稠度用水量(p)的测定	(1)测定试杆沉入净浆距底板之间的距离。 拌和结束后，立即取适量水泥净浆一次性装入试模中，浆体超过试模上端，用宽约为 25 mm 的直边刀轻轻拍打超出试模部分的浆体 5 次以排除浆体中的孔隙，然后在试模表面约 1/3 处，略倾斜于试模分别向外轻轻锯掉多余净浆，再从试模边缘轻抹顶部一次，使净浆表面光滑。抹平后迅速将试模移到维卡仪上，并将其中心定在试杆下。降低试杆直至与净浆表面接触，拧紧螺钉 1～2 s 后，突然放松，使试杆垂直自由地沉入水泥净浆中。试杆停止沉入或释放试杆 30 s 时记录试杆与底板之间的距离			E1、G1、H1
	(2)改变加水量，重新拌制净浆并测定试杆在净浆中的穿透性，以试杆沉入净浆距离底板 6 mm±1 mm(指针所指读数为 5～7 mm)时的水泥净浆为标准稠度净浆，达到标准稠度时所加的水量记为 mL			

续表

教学阶段	教学流程	学习成果	教师核查	能力指标
阶段性小结				
4. 试验结果计算及结束工作	(1)清理、归位、关机，完善仪器设备运行记录			F1、H1
	(2)计算该水泥的标准稠度用水量以百分数表示，并记录在受控的原始表格中			F1、H1
	注：水泥标准稠度用水量 p 按下式计算： $p(\%)$＝水泥浆达到标准稠度时的用水量(m_1)÷500(m_1达到标准稠度时所加的水量记为 m_1)			F1
阶段性小结				

✲ 完成质量

1＋X土木工程混凝土材料检测技能等级证书考核标准。

考核评分记录表

技能要素	技术要求	配分	评分标准	量化分值	得分
试验仪器设备准备及校验	调整标准稠度维卡测定仪的试杆接触玻璃板时指针对准零点	10	试验前指杆对准零点，2分	2	
	计量仪器设备试验前校准		天平校准、调平、归零，3分	3	
	检查仪器设备是否运行正常		开机运转检查，2分	2	
	检查试验环境是否满足要求		温湿度满足要求，3分	3	
水泥标准稠度用水量测定试验操作	水泥试样、拌合水、仪器和用具的温度与实验室温度一致	48	温度符合要求，3分	3	
	试验前，应先将搅拌锅及搅拌叶片用湿布擦过		搅拌锅及叶片保持湿润，5分；未做扣，3分	5	
	称取样品及用水量，先将水倒入搅拌锅内在5～10 s加入称好的样品，防止水和水泥溅出，按要求搅拌均匀		试样取样质量是否满足要求，2分；放样顺序，2分；水和水泥是否溅出，1分；叶片和锅壁上的水泥浆刮入锅，3分	8	

续表

技能要素	技术要求	配分	评分标准	量化分值	得分
水泥标准稠度用水量测定试验操作	拌和结束后，立即将制成的净浆，一次性将其装入已置于玻璃底板上的试模中，浆体超过试模上端，用宽约为 25 mm 的直角刀轻轻拍打超出试模部分的浆体 5 次，然后在试模表面约 1/3 处，略倾斜于试模分别向外轻轻锯掉多余净浆，再从试模边沿轻抹顶部一次，使净浆表面光滑	48	净浆一次性装入试模，4 分；直角刀轻轻拍打超出试模部分的浆体 5 次，6 分；从表面 1/3 处锯掉多余净浆，再在顶部轻抹一次，10 分	20	
	在锯掉多余净浆和抹平的操作过程中，不要压实净浆		净浆被人为压实，扣 2 分	2	
	净浆抹平后迅速将试模和底板移到稠度仪上，调整试杆使其与水泥净浆表面刚好接触，拧紧螺栓，然后突然放松，试杆垂直自由地沉入水泥净浆中		开始阶段试验合理，4 分	4	
	在试杆停止沉入或释放试杆 30 s 时，记录试杆与底板之间的距离。整个操作应在搅拌后 1.5 min内完成		准确读取数据，6 分	6	
计算与试验技巧	以试杆沉入净浆距底板 6 mm±1 mm(指针所指读数为 5～7 mm)时的水泥净浆为标准稠度净浆	30	试杆沉入位置合理，10 分；结果正确，10 分	20	
	水泥标准稠度用水量 p 按下式计算： p(%)＝水泥浆达到标准稠度时的用水量(m_1)÷500(达到标准稠度时所加的水量记为 m_1)		计算错误扣 10 分	10	
规程、试验设备事故处理及安全文明试验	试验中注意安全(电源使用、试件安放、测试)	12	有安全隐患扣 5 分	5	
	试验后仪器设备的维护(电器、仪器、量具的检查与处置)		电源不关扣 2 分，仪器摆放不整齐扣 1 分	3	
	试验后场所清理		未清洁扣 2 分；清洁不完全扣 1 分	2	
	各种记录填写		未填写扣 2 分，错误扣 1 分	2	

❋ 检查与记录

课程侧重																	
课程核心能力权重	A. 责任担当		B. 人文素养		C. 工程知识		D. 学习创新		E. 专业技能		F. 职业操守		G. 问题解决		H. 沟通合作		合计
	15%				15%		10%		15%		15%		15%		15%		100%
课程能力指标权重	A1	A2	B1	B2	C1	C2	D1	D2	E1	E2	F1	F2	G1	G2	H1	H2	合计

❋ 课后反思

反思内容	实际效果	改进设想
工作态度、团队合作意识、质量意识		
成果导向应用情况		
本课评分		

❋ 参考资料

水泥标准稠度用水量

水泥标准稠度用水量、凝结时间、安定性检验方法 GBT 1346—2011

7.2.3　水泥性能检测——水泥凝结时间试验

※ 课程信息

1. 基本信息

学生姓名		课程地点		课程时间	
指导教师		哪些同学对我起到帮助	1.	2.	3.
课程项目	水泥性能检测——水泥凝结时间试验				

2. 学习目标

课程学习侧重点																	
课程核心能力权重	A. 责任担当		B. 人文素养		C. 工程知识		D. 学习创新		E. 专业技能		F. 职业操守		G. 问题解决		H. 沟通合作		合计
	15%				15%		10%		15%		15%		15%		15%		100%
课程能力指标权重	A1	A2	B1	B2	C1	C2	D1	D2	E1	E2	F1	F2	G1	G2	H1	H2	合计
	15%		15%		15%		10%				15%		15%		15%		100%
知识目标	(1)掌握水泥凝结时间的概念；(2)熟悉影响凝结时间的因素																
能力目标	(1)能够掌握水泥凝结时间检测步骤；(2)会进行结果分析与评价																
素质与思政目标	(1)养成良好的学习意愿、方法、习惯；(2)践行水利行业精神；(3)自觉执行水利水电相关行业规范、标准和安全规程																

※ 背景资料

某亲水平台框架混凝土结构工程施工，包括基坑开挖、垫层施工、基础施工、基础梁柱框架施工、平台混凝土施工和平台钢护栏安装。在施工过程中，业主巡查发现混凝土基础表面有浮渣，对现场监理和施工单位提出怀疑并要求彻查，现怀疑基坑泡水、天气寒冷、混凝土泌水未及时排出、水泥错用、配合比控制不严等多个原因，需要对水泥品质进行检验，核对是否满足设计和原材料质量要求，水泥进场牌号为 P. O42.5，取样地点为施工现场。

※ 课前活动

1. 讨论。

(1)什么是混凝土？

____

____

(2)胶凝材料对混凝土有什么影响？

(3)什么建筑结构是采用混凝土材料构筑的？

2. 网络精品在线开放课程利用。

水泥凝结时间试验

✲ 必备知识

1. 混凝土常用原材料组成

原材料种类	举例	考核结果	能力指标
水泥	通用硅酸盐水泥：硅酸盐水泥、普通硅酸盐水泥、矿渣硅酸盐水泥、复合硅酸盐水泥、粉煤灰硅酸盐水泥、火山灰质硅酸盐水泥		C1
掺合料	粉煤灰、矿粉、硅灰等		
骨料	粗骨料：石(卵石、碎石) 细骨料：砂(河砂、山砂、海砂)(天然砂、机制砂)		
水	拌合用水：饮用水、地下水、地表水		
外加剂	减水剂、引气剂、泵送剂、速凝剂、缓凝剂、防冻剂、防水剂、膨胀剂等		

2. 使用规范

序号	检测项目	技术要求《通用硅酸盐水泥》(GB 175—2007)	检验方法	取样频率及数量	对规范熟悉情况	能力指标
1	凝结时间	初凝 ≥ 45 min，终凝≤600 min(硅酸盐水泥终凝≤390 min)	GB/T 1346—2011	检验频次： (1)同厂家、同编号、同规格的产品每500 t为一批，不足500 t按一批计	1. 是/否准备好规范？电子版还是纸质版	D1、G1
2	安定性	沸煮法合格	GB/T 1346—2011			
3	强度	符合《通用硅酸盐水泥》(GB 175—2007)	GB/T 17671—2021			
4	MgO 含量	≤6.0%(硅酸盐水泥、普通硅酸盐水泥≤5.0%)	GB/T 176—2017			

续表

序号	检测项目	技术要求《通用硅酸盐水泥》(GB 175－2007)	检验方法	取样频率及数量	对规范熟悉情况	能力指标
5	Cl^-含量	≤0.06%	GB/T 176－2017	(2)可连续取样，也可从20个以上不同部位取等量样品，总量至少12 kg	2. 是/否提前预习规范？能准确说出还是能大致说出	D1、G1
6	碱含量	≤0.60%	GB/T 176－2017			
7	水化热	—	GB/T 12959－2008			
8	比表面积	≥300 m^2/kg(硅酸盐水泥、普通硅酸盐水泥)	GB/T 8074－2008			
9	细度	80 μm≤10%；45 μm≤30%	GB/T 1345－2005			
10	烧失量	≤5.0%(P·O)；≤3.5%(P·Ⅱ)；≤3.0%(P·Ⅰ)	GB/T 176－2017			
11	SO_3含量	≤3.5%；≤4.0%(P·S)	GB/T 176－2017			
12	不溶物	≤1.5%(P·Ⅱ)；≤0.75%(P·Ⅰ)	GB/T 176－2017			

3. 水泥的取样

(1)手工取样。对于散装水泥，当所取水泥深度不超过2 m时，每一编号内采用散装水泥取样器随机取样。通过转动取样器内管控制开关，在适当位置插入水泥一定深度，关闭后小心抽出，将所取样品放入容器中。每次抽取的单样量应尽量一致。

对于袋装水泥，每一编号内随机抽取不少于20袋水泥，采用袋装水泥取样器取样，将取样器沿对角线方向插入水泥包装袋中，用大拇指按住气孔，小心抽出取样管，将所取样品放入容器中。每次抽取的单样量应尽量一致。

(2)自动取样。采用自动取样器取样。该装置一般安装在尽量接近于水泥包装机或散装容器的管路中，从流动的水泥中取出样品，将所取样品放入符合要求的容器中。

4. 凝结时间试验(GB/T 1346－2011)

(1)原理。标准稠度水泥浆的凝胶体、结晶体空间网络结构是随着时间的推移而逐渐致密的。空间网络结构致密程度不同，对贯入其中的试针阻力就不同。以对试针不同阻力下的空间网络结构来划分水泥浆的初凝、终凝状态，从而得出初凝、终凝时间。

(2)仪器设备。

1)水泥净浆搅拌机：符合《水泥净浆搅拌机》(JC/T 729－2005)的要求。

2)标准法维卡仪：同上。

3)量筒或滴定管：精度为±0.5 mL。

4)天平：最大称量不小于1 000 g，分度值不大于1 g。

(3)试验条件。

1)实验室温度为20 ℃±2 ℃，相对湿度应不低于50%；水泥试样、拌合水、仪器和用具的温度应与实验室一致。

2)湿气养护箱的温度为20 ℃±1 ℃，相对湿度不低于90%。

✲ 课程实施

教学阶段	教学流程	学习成果	教师核查	能力指标
1. 试验前准备工作	(1)记录环境温、湿度(温度 20 ℃±2 ℃，湿度≥50%)，水泥试样、拌合水、仪器和用具的温度应与实验室一致			F1
	(2)天平零点校准；维卡仪的滑竿能正常滑动，试模和玻璃板用湿布擦拭，将试模放在底板上			F1
	(3)调整至试杆接触玻璃板时指针对准零点			F1
	(4)搅拌机运行正常，并用湿布将搅拌锅和搅拌叶片擦拭包裹			F1
阶段性小结				
2. 试件的制备	以标准稠度用水量制成标准稠度净浆，装模刮平后，立即放入湿气养护箱(20 ℃±1 ℃，相对湿度≥90%)中，记录水泥全部加入水中的时间作为凝结时间的起始时间			E1、G1
阶段性小结				
3. 开始试验	(1)试件在湿气养护箱中养护至加水后 30 min 时进行第一次测定。测定时，从湿气养护箱中取出试模放在试针下，降低试针和水泥净浆表面接触。拧紧螺钉 1~2 s 后，突然放松，试针垂直自由地沉入水泥净浆，观察试针停止下沉或释放试针 30 s 时的指针读数			E1、G1、H1
	(2)临近初凝时间每隔 5 min(或更短时间)测定一次，当试针沉至距底板 4 mm±1 mm 时，为水泥达到初凝状态；由水泥全部加入水中至初凝状态的时间为水泥的初凝时间，用 min 来表示			E1、G1、H1
	(3)在完成初凝时间测定后，立即将试模连同浆体以平移的方式从玻璃板取下，翻转 180°，直径大端向上，小端向下放在玻璃板上，再放入湿气养护箱中继续养护			E1、G1、H1
	(4)临近终凝时间每隔 15 min(或更短时间)测定一次，当试针沉入试体 0.5 mm 时，即环形附件开始不能在试体留下痕迹时，为该水泥达到终凝状态，由水泥全部加入水中至终凝状态的时间为水泥的终凝时间，用 min 来表示			E1、G1、H1
阶段性小结				
4. 试验结果计算及结束工作	(1)清理、归位、关机，完善仪器设备运行记录			F1、H1
	(2)记录该水泥的初终凝时间以 min 表示，并记录在受控的原始表格中			F1、H1
	注：在最初测定时应轻扶持金属柱，使其徐徐下降，以防试针撞弯，但结果以自由下落为准。在整个测试过程中，试针沉入的位置至少要距试模内壁 10 mm，到达初凝、终凝时应立即重复测一次，当两次结果相同时才能确定到达初凝、终凝状态，每次测定不能让试针落入原针孔，整个测试过程要防止试模受振			F1

续表

教学阶段	教学流程	学习成果	教师核查	能力指标
阶段性小结				

✲ 完成质量

1+X土木工程混凝土材料检测技能等级证书考核标准。

考核评分记录表

技能要素	技术要求	配分	评分标准	量化分值	得分
试验仪器设备准备及校验	调整凝结时间测定仪的试针接触玻璃板时指针对准零点	10	试验前指针对准零点，2分	2	
	计量仪器设备试验前校准		天平校准、调平、归零，3分	3	
	检查仪器设备是否运行正常		开机运转检查，2分	2	
	检查试验环境是否满足要求		温、湿度满足要求，3分	3	
水泥凝结时间测定试验操作	水泥试样、拌合水、仪器和用具的温度与实验室温度一致	48	温度符合要求，3分	3	
	试验前，应先将搅拌锅及搅拌叶片用湿布擦过		搅拌锅及叶片保持湿润，5分；未做扣3分	5	
	称取样品及标准稠度用水量，先将水倒入搅拌锅内在5～10 s加入称好的样品，防止水和水泥溅出，按要求搅拌均匀		试样取样质量是否满足要求，2分；放样顺序，2分；水和水泥是否溅出，1分；叶片和锅壁上的水泥浆刮入锅，3分	8	
	拌和结束后，立即将配制成的标准稠度净浆，一次性将其装入已置于玻璃底板上的试模中，浆体超过试模上端，用宽约25 mm的直角刀轻轻拍打超出试模部分的浆体5次，然后在试模表面约1/3处，略倾斜于试模分别向外轻轻锯掉多余净浆，再从试模边沿轻抹顶部一次，使净浆表面光滑，立即放入湿气养护箱中		净浆一次性装入试模，2分；直角刀轻轻拍打超出试模部分的浆体5次，5分；从表面1/3处锯掉多余净浆，再在顶部轻抹一次，3分	10	
	在锯掉多余净浆和抹平的操作过程中，不要压实净浆		净浆被人为压实，扣3分	3	
	试件在养护箱中养护至加水后30 min时进行第一次测定		时间30 min，2分	2	

续表

技能要素	技术要求	配分	评分标准	量化分值	得分
水泥凝结时间测定试验操作	测定时，从湿气养护箱中取出试模放到试针下，降低试针与水泥净浆接触。拧紧螺钉 1～2 s 后，突然放松，试针垂直自由地沉入水泥净浆。观察试针停止下沉或释放试针 30 s 时指针的读数	48	自由沉入，2 分；30 s 读数，3 分	5	
	临近初凝时间每隔 5 min(或更短时间)测定一次，当试针沉至距底板 4 mm±1 mm 时，为水泥达到初凝状态		时间间隔不大于 5 min 测一次，3 分；正确测出初凝，2 分	5	
	完成初凝时间测定后，立即将试模连同浆体以平移的方式从玻璃板取下，翻转 180°，再放入湿气养护箱中继续养护		合理翻转 180°再养护，2 分	2	
	临近终凝时间每隔 15 min(或更短时间)测定一次，当试针沉入试体 0.5 mm时，即环形附件开始不能再试体上留下痕迹时，为水泥达到终凝状态		时间间隔不大于 15 min 测一次，3 分；正确测出终凝，2 分	5	
计算与试验技巧	在最初测定的操作时应轻轻扶持金属柱，使其徐徐下降，结果以自由下落为准；整个测试过程中试针沉入的位置至少要距试模内壁 10 mm	30	开始阶段试验合理，5 分；试针位置合理，5 分	10	
	到达初凝时间应立即重复测一次，当两次结论相同时才能确定到达初凝状态，到达终凝时，需要在试体另外两个不同点测试，确认结论相同时才能确定到达终凝状态		初凝测 2 次，3 分，得出正确结论，3 分；终凝 3 次，3 分，得出正确结果，3 分	12	
	每次测定不能让试针落入原针孔		指针没有测量同一点，3 分	3	
	由水泥全部加入水中时开始计算凝结时间		计算时间正确，5 分	5	
规程、试验设备事故处理及安全文明试验	试验中注意安全(电源使用、试件安放、测试)	12	有安全隐患扣 5 分	5	
	试验后仪器设备的维护(电器、仪器、量具的检查与处置)		电源不关扣 2 分；仪器摆放不整齐扣 1 分	3	
	试验后场所清理		未清洁扣 2 分；清洁不完全扣 1 分	2	
	各种记录填写		未填写扣 2 分，错误扣 1 分	2	

✲ 检查与记录

课程侧重																	
课程核心能力权重	A. 责任担当		B. 人文素养		C. 工程知识		D. 学习创新		E. 专业技能		F. 职业操守		G. 问题解决		H. 沟通合作		合计
	15%				15%		10%		15%		15%		15%		15%		100%
课程能力指标权重	A1	A2	B1	B2	C1	C2	D1	D2	E1	E2	F1	F2	G1	G2	H1	H2	合计

✲ 课后反思

反思内容	实际效果	改进设想
工作态度、团队合作意识、质量意识		
成果导向应用情况		
本课评分		

✲ 参考资料

水泥凝结时间

7.2.4 水泥性能检测——水泥胶砂强度试验

✲ 课程信息

1. 基本信息

学生姓名		课程地点		课程时间	
指导教师		哪些同学对我起到帮助	1.	2.	3.
课程项目	水泥性能检测——水泥胶砂强度试验				

2. 学习目标

课程学习侧重点																	
课程核心能力权重	A. 责任担当		B. 人文素养		C. 工程知识		D. 学习创新		E. 专业技能		F. 职业操守		G. 问题解决		H. 沟通合作		合计
	15%				15%		10%		15%		15%		15%		15%		100%
课程能力指标权重	A1	A2	B1	B2	C1	C2	D1	D2	E1	E2	F1	F2	G1	G2	H1	H2	合计
	15%		15%		15%		10%				15%		15%		15%		100%
知识目标	(1)掌握水泥强度等级划分依据；(2)熟悉水泥强度影响因素																
能力目标	(1)能够掌握水泥强度检测步骤；(2)会进行结果分析与评价																
素质与思政目标	(1)养成求真务实的工作精神；(2)尊重多元观点，有效沟通，具备团队合作意识；(3)培养学生工程质量意识，增强学生的使命感																

✲ 背景资料

某地一幢十四层教学楼，施工到第九层后，发现大部分混凝土试块强度为达到要求。查找原因后发现原材料水泥质量不佳(水泥实际强度低)：一是水泥出厂质量差，而在实际应用中，又在水泥 28 d 强度试验结果未测出前，先估计水泥强度配制混凝土，当 28 d 水泥实测强度低于原估计值时，就会造成混凝土强度不足；二是水泥保管条件差，或贮存时间过长，造成水泥结块，活性降低，从而影响强度。

✲ 课前活动

1. 讨论。

(1)如何设计混凝土配制强度？

____

____

(2)如何划分水泥强度等级的依据？

____

____

(3)影响水泥强度的因素有哪些？

____

____

2. 网络精品在线开放课程利用。

水泥胶砂强度试验

✻ 必备知识

1. 混凝土常用原材料组成

原材料种类	举例	考核结果	能力指标
水泥	通用硅酸盐水泥：硅酸盐水泥、普通硅酸盐水泥、矿渣硅酸盐水泥、复合硅酸盐水泥、粉煤灰硅酸盐水泥、火山灰质硅酸盐水泥		
掺合料	粉煤灰、矿粉、硅灰等		
骨料	粗骨料：石(卵石、碎石) 细骨料：砂(河砂、山砂、海砂)(天然砂、机制砂)		C1
水	拌合用水：饮用水、地下水、地表水		
外加剂	减水剂、引气剂、泵送剂、速凝剂、缓凝剂、防冻剂、防水剂、膨胀剂等		

2. 使用规范

序号	检测项目	技术要求《通用硅酸盐水泥》(GB 175—2007)	检验方法	取样频率及数量	对规范熟悉情况	能力指标
1	凝结时间	初凝≥45 min，终凝≤600 min(硅酸盐水泥终凝≤390 min)	GB/T 1346—2011			
2	安定性	沸煮法合格	GB/T 1346—2011			
3	强度	符合《通用硅酸盐水泥》(GB 175—2007)	GB/T 17671—2021	检验频次： (1)同厂家、同编号、同规格的产品每500 t为一批，不足500 t按一批计	1. 是/否准备好规范？电子版还是纸质版	D1、G1
4	MgO 含量	≤6.0%(硅酸盐水泥、普通硅酸盐水泥≤5.0%)	GB/T 176—2017			
5	Cl^- 含量	≤0.06%	GB/T 176—2017			
6	碱含量	≤0.60%	GB/T 176—2017			
7	水化热	—	GB/T 12959—2008			

续表

序号	检测项目	技术要求《通用硅酸盐水泥》(GB 175—2007)	检验方法	取样频率及数量	对规范熟悉情况	能力指标
8	比表面积	≥300 m^2/kg(硅酸盐水泥、普通硅酸盐水泥)	GB/T 8074—2008	(2)可连续取样，也可从20个以上不同部位取等量样品，总量至少12 kg	2. 是/否提前预习规范？能准确说出还是能大致说出	D1、G1
9	细度	80 μm≤10%；45 μm≤30%	GB/T 1345—2005			
10	烧失量	≤5.0%(P·O)；≤3.5%(P·Ⅱ)；≤3.0%(P·Ⅰ)	GB/T 176—2017			
11	SO_3含量	≤3.5%；≤4.0%(P·S)	GB/T 176—2017			
12	不溶物	≤1.5%(P·Ⅱ)；≤0.75%(P·Ⅰ)	GB/T 176—2017			

3. 水泥的取样

(1)手工取样。对于散装水泥，当所取水泥深度不超过2 m时，每一编号内采用散装水泥取样器随机取样。通过转动取样器内管控制开关，在适当位置插入水泥一定深度，关闭后小心抽出，将所取样品放入容器中。每次抽取的单样量应尽量一致。

对于袋装水泥，每一编号内随机抽取不少于20袋水泥，采用袋装水泥取样器取样，将取样器沿对角线方向插入水泥包装袋中，用大拇指按住气孔，小心抽出取样管，将所取样品放入容器中。每次抽取的单样量应尽量一致。

(2)自动取样。采用自动取样器取样。该装置一般安装在尽量接近于水泥包装机或散装容器的管路中，从流动的水泥中取出样品，将所取样品放入符合要求的容器中。

4. 水泥胶砂强度试验(GB/T 1346—2011)

(1)原理。在一定试验条件下，检验一定龄期水泥胶砂中水泥石的强度及水泥石与标准砂的胶结强度以评定水泥的实际强度及强度等级。

(2)仪器设备。

1)行星式水泥胶砂搅拌机。

2)振实台或代用设备胶砂振动台。

3)试模：可装卸的三联模，可一次性成型三条40 mm×40 mm×160 mm的试件(图7-2)。

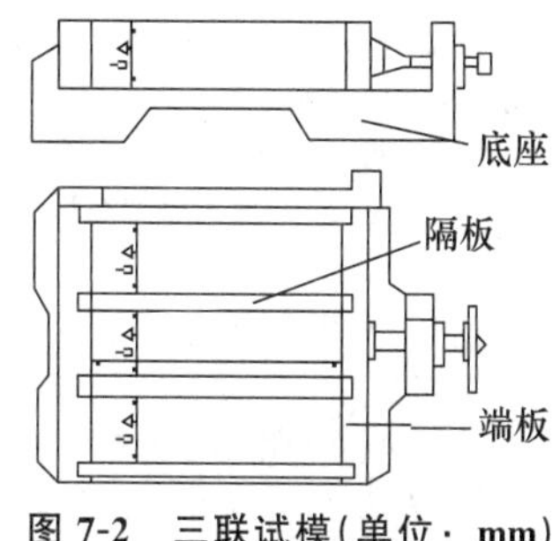

图7-2　三联试模(单位：mm)

4)模套(用振实台时)或下漏斗(用振动台时)。

5)大小播料器和金属刮平直尺(用振实台时)或小刀和刮平尺(用振动台时)。

6)抗折试验机。

7)压力试验机和抗压夹具(受压面积为40 mm×40 mm)。

8)量筒或滴定管：精度为±0.5 mL。

9)天平：最大称量不小于1 000 g，分度值不大于1 g。

(3)试验条件。

1)实验室温度为20 ℃±2 ℃，相对湿度应不低于50%；水泥试样、拌合水、仪器和用具的温度应与实验室一致；

2)湿气养护箱的温度为20 ℃±1 ℃，相对湿度不低于90%。

✲ 课程实施

教学阶段	教学流程	学习成果	教师核查	能力指标
1. 试验前准备工作	(1)记录环境温、湿度(温度 20 ℃±2 ℃，湿度≥50%)，水泥试样、拌合水、仪器和用具的温度应与实验室一致			F1
	(2)天平调平、校准、零点校核			F1
	(3)搅拌机运行正常，将搅拌锅内壁、搅拌机叶片、大小播料器、金属刮平直尺等用湿布擦拭干净			F1
	(4)将试模擦净，紧密装配，并在内壁均匀刷一薄层矿物油			F1
阶段性小结				
2. 试件的制备	(1)材料称量。胶砂的质量配合比为水泥∶标准砂∶水=1∶3∶0.5。成型三条试件所需材料用量为水泥 450 g，标准砂 1 350 g，水 225 mL			E1、G1
	(2)拌制胶砂。把水倒入搅拌锅里，再倒入水泥，将锅放在固定架上，上升至固定位置；把标准砂装入搅拌机的砂罐，开动搅拌机。搅拌机的自动搅拌程序：先低速搅拌 30 s，在第二个 30 s 开始的同时搅拌机会自动地将砂加入，再高速搅拌 30 s，然后停拌 90 s。在停拌的第一个 15 s 内用一胶皮刮具将叶片和锅壁上的胶砂刮入锅中间。最后高速搅拌 60 s，自动停止。即低速搅拌 30 s+低速搅拌且同时自动加砂 30 s+高速搅拌 30 s+停 90 s+高速搅拌 60 s=240 s			E1、G1、H1
	(3)成型试件。 1)用振实台成型。将空试模和模套固定在振实台上，用勺子直接从搅拌锅里将胶砂分两层装入试模，装第一层时，每个槽里放约 300 g 胶砂，用大播料器垂直架在模套顶部沿每个模槽来回一次将料层播平，接着振实 60 次。再装入第二层胶砂，用小播料器播平，再振实 60 次。移走模套，从振实台上取下试模，用一金属直尺以近似 90°的角度架在试模模顶的一端，然后沿试模长度方向以横向锯割动作慢慢向另一端移动，一次将超过试模部分的胶砂刮去，并用同一直尺以近乎水平的情况下将表面抹平，并编号			E1、G1、H1
	2)用代用振动台成型。在搅拌胶砂的同时将试模和下料漏斗卡紧在振动台台面中心。将搅拌好的全部胶砂均匀装入下料漏斗中，开动振动台，胶砂通过漏斗流入试模，振动 120 s±5 s。振动完毕，取下试模，以规定的刮平手法刮去高出试模的部分并抹平			
	(4)脱模前的处理和养护。去掉留在模子四周的胶砂，立即将做好标记的试模放入雾室或湿气养护箱的水平架子上养护，养护到规定的脱模时间。脱模前，用颜料笔对试件进行编号。两个龄期以上的试件，在编号时应将同一试模中的三条试件分在两个以上龄期内			E1、G1、H1

续表

教学阶段	教学流程	学习成果	教师核查	能力指标
2. 试件的制备	(5)脱模。24 h 龄期的，应在破型试验前 20 min 内脱模，并用湿布覆盖至做试验时为止；24 h 以上龄期的，应在成型后 20～24 h 脱模			E1、G1、H1
	(6)水中养护。脱模后，将试件立即水平(刮平面应朝上)或竖直放在篦子上，浸入 200 ℃±100 ℃水中，保持试件六个面与水接触，且各试件之间间隔或试件上表面的水深不得小于 5 mm			E1、G1、H1
	(7)试件养护龄期。 1)试件龄期是从水泥加水搅拌时算起。不同龄期强度试验在下列时间进行：—24 h±15 min、—7 d±2 h、—48 h±30 min、—72h±45 min、—>28 d±8 h。 2)达到龄期的试件应在试验(破型)前 15 min 从水中取出，擦去试件表面的沉积物，并用湿布覆盖至试验为止			E1、G1、H1
阶段性小结				
3. 强度试验	(1)总则。 1)以中心加荷法测定抗折强度。 2)以试件成型时的两个侧面作为试验的受压面，受压面积 $A=40\ mm\times40\ mm$			E1、G1、H1
	(2)抗折强度(R_f)测定。每龄期取三条试件，先做抗折强度测定。将试件一个侧面放在抗折试验机支撑圆柱上，试件长轴垂直于支撑圆柱，通过加荷圆柱以 50 N/S±10 N/S 的速率均匀地将荷载垂直地加在试件相对侧面上，直至折断。记下破坏荷载 F_f(N)。 抗折强度 $R_f=3F_f\times L/2bh^2=1.5F_f\times L/b^3=0.002\ 34\times F_f$ (MPa)($b=h$)			E1、G1、H1
	(3)抗压强度(R_c)测定。先将半截试件的按侧面受压置于抗压夹具里，然后将抗压夹具置于压力试验机下承压板上，开动机器，以 2 400 N/S±200 N/S 的速率均匀地加荷直至破坏，记下破坏荷载 F_c(N)。 抗压强度 $R_c=F_c/40\times40\ mm^2=0.000\ 625F_c$(MPa)			E1、G1、H1
阶段性小结				
4. 试验结果计算及结束工作	(1)清理、归位、关机，完善仪器设备运行记录。 强度计算如下： 1)抗折强度：以三条试件抗折强度平均值作为结果。当三个强度值中有超出平均值±10%时，应剔除后再取平均值作为抗折强度值。 2)抗压强度：以一次三条试件得到的六个抗压强度测定值的算术平均值作为试验结果。如六个测定值中有一个超出六个平均值的±10%，应剔除该值，以剩下五个平均值作为结果。如果五个测定值中再有超过它们平均数±10%的，则此次结果作废			F1、H1

续表

教学阶段	教学流程	学习成果	教师核查	能力指标
4. 试验结果计算及结束工作	注： 1. 按《水泥胶砂强度检验方法（ISO法）》（GB/T 17671—2021）进行。 2. 按《通用硅酸盐水泥》（GB 175－2007）或其他标准评定水泥强度等级			F1
阶段性小结				

✻ 完成质量

1＋X土木工程混凝土材料检测技能等级证书考核标准。

考核评分记录表

技能要素	技术要求	配分	评分标准	量化分值	得分
试验仪器设备准备及校验	计量仪器设备试验前校准	10	天平校准、调平、归零，各2分	6	
	检查仪器设备是否运行正常		开机运转检查，2分	2	
	检查试验环境是否满足要求		温、湿度满足要求，2分	2	
水泥胶砂成型试验操作	水泥试样、拌合水、仪器和用具的温度与实验室温度一致	48	温度符合要求，3分	3	
	试验前，应先将搅拌锅及搅拌叶片用湿布擦过		搅拌锅及叶片保持湿润，5分；未做扣5分	5	
	材料称量。水泥450 g，标准砂1 350 g，水225 mL。先将水倒入搅拌锅内再在5～10 s加入称好的水泥，防止水和水泥溅出，开动机器，在停拌的第一个15 s内用一胶皮刮具将叶片和锅壁上的胶砂刮入锅中间		试样取样质量是否满足要求，5分；放样顺序，5分；水和水泥是否溅出2分；将胶砂刮入锅中间，3分	15	
	将空试模和模套固定在振实台上，用勺子直接从搅拌锅里将胶砂分两层装入试模。装第一层时，每个槽里放约300 g胶砂，用大播料器垂直架在模套顶部沿每个模槽来回一次将料层播平，接着振实60次。再装入第二层胶砂，用小播料器播平，再振实60次。移走模套，从振实台上取下试模，用一金属直尺以近似90°的角度架在试模模顶的一端，然后沿试模长度方向以横向锯割动作慢慢向另一端移动，一次将超过试模部分的胶砂刮去，并用同一直尺以近乎水平的情况下将表面抹平，并编号		每装一层，用播料器垂直架在模套顶部沿每个模槽来回一次将料层播平，否则扣5分。 从振实台上取下试模，用一金属直尺以近似90°的角度架在试模模顶的一端，然后沿试模长度方向以横向锯割动作慢慢向另一端移动，一次将超过试模部分的胶砂刮去，并用同一直尺以近乎水平的情况下将表面抹平，并编号，10分	15	

续表

技能要素	技术要求	配分	评分标准	量化分值	得分
水泥胶砂成型试验操作	脱模前的处理和养护。去掉留在模子四周的胶砂，立即将做好标记的试模放入雾室或湿气养护箱的水平架子上养护，养护到规定的脱模时间。脱模前，用颜料笔对试件进行编号	48	将做好标记的试模放入雾室或湿气养护箱的水平架子上养护，养护到规定的脱模时间。脱模前，用颜料笔对试件进行编号，完成操作，3分	5	
	脱模及水中养护		脱模操作规范，5分，试件水槽中放置符合规范要求，5分	5	
强度值计算及结果评定方法	抗折强度测定。抗折强度 $R_f=3F_f\times L/2bh^2=1.5F_f\times L/b^3=0.002\ 34\times F_f(\mathrm{MPa})(b=h)$	30	计算正确，10分	10	
	抗压强度测定。抗压强度 $R_c=F_c/40\times40\ \mathrm{mm}^2=0.000\ 625F_c(\mathrm{MPa})$		计算正确，10分	10	
	结果评定： (1)抗折强度：以三条试件抗折强度平均值作为结果。当三个强度值中有超出平均值±10%时，应剔除后再取平均值作为抗折强度值。 (2)抗压强度：以一次三条试件得到的六个抗压强度测定值的算术平均值作为试验结果。如六个测定值中有一个超出六个平均值的±10%，应剔除该值，以剩下五个平均值作为结果。如果五个测定值中再有超过它们平均数±10%的，则此次结果作废		抗折强度代表值、抗压强度代表值评定，各5分	10	
规程、试验设备事故处理及安全文明试验	试验中注意安全(电源使用、试件安放、测试)	12	有安全隐患扣5分	5	
	试验后仪器设备的维护(电器、仪器、量具的检查与处置)		电源不关扣2分，仪器摆放不整齐扣1分	3	
	试验后场所清理		未清洁扣2分；清洁不完全扣1分	2	
	各种记录填写		未填写扣2分，错误扣1分	2	

✲ 检查与记录

课程侧重																	
课程核心能力权重	A. 责任担当		B. 人文素养		C. 工程知识		D. 学习创新		E. 专业技能		F. 职业操守		G. 问题解决		H. 沟通合作		合计
	15%				15%		10%		15%		15%		15%		15%		100%
课程能力指标权重	A1	A2	B1	B2	C1	C2	D1	D2	E1	E2	F1	F2	G1	G2	H1	H2	合计

✲ 课后反思

反思内容	实际效果	改进设想
工作态度、团队合作意识、质量意识		
成果导向应用情况		
本课评分		

✲ 参考资料

水泥胶砂强度

7.2.5 水泥性能检测——水泥细度试验

✲ 课程信息

1. 基本信息

学生姓名		课程地点		课程时间	
指导教师		哪些同学对我起到帮助	1.	2.	3.
课程项目	水泥性能检测——水泥细度试验				

2. 学习目标

课程学习侧重点																
课程核心能力权重	A. 责任担当		B. 人文素养		C. 工程知识		D. 学习创新		E. 专业技能		F. 职业操守		G. 问题解决		H. 沟通合作		合计
	15%				15%		10%		15%		15%		15%		15%		100%
课程能力指标权重	A1	A2	B1	B2	C1	C2	D1	D2	E1	E2	F1	F2	G1	G2	H1	H2	合计
	15%		15%		15%		10%				15%		15%		15%		100%
知识目标	(1)掌握水泥细度的概念;(2)熟悉水泥细度影响因素																
能力目标	(1)能够掌握水泥细度检测步骤;(2)会进行结果分析与评价																
素质与思政目标	(1)养成独立分析问题的习惯,不断进取;(2)具备集体意识和合作精神																

✲ 背景资料

某亲水平台框架混凝土结构工程施工,包括基坑开挖、垫层施工、基础施工、基础梁柱框架施工、平台混凝土施工和平台钢护栏安装。在施工过程中业主巡查发现混凝土基础表面有浮渣,对现场监理和施工单位提出怀疑并要求彻查,现怀疑基坑泡水、天气寒冷、混凝土泌水未及时排出、水泥错用、配合比控制不严等多个原因,需要对水泥品质进行检验,核对是否满足设计和原材料质量要求,水泥进场牌号为 P. O42.5,取样地点为施工现场。

✲ 课前活动

1. 讨论。

(1)什么是水泥细度?

______

______

(2)细度对水泥哪些性能有什么影响?

______

______

(3)国家标准《水泥标准稠度用水量、凝结时间、安全性检验方法》(GB/T 1346－2011)将细度作为选择性指标，有哪些规定？

____

____

2. 网络精品在线开放课程利用。

水泥细度试验

✲ 必备知识

1. 混凝土常用原材料组成

原材料种类	举例	考核结果	能力指标
水泥	通用硅酸盐水泥：硅酸盐水泥、普通硅酸盐水泥、矿渣硅酸盐水泥、复合硅酸盐水泥、粉煤灰硅酸盐水泥、火山灰质硅酸盐水泥		C1
掺合料	粉煤灰、矿粉、硅灰等		
骨料	粗骨料：石(卵石、碎石)； 细骨料：砂(河砂、山砂、海砂)(天然砂、机制砂)		
水	拌合用水：饮用水、地下水、地表水		
外加剂	减水剂、引气剂、泵送剂、速凝剂、缓凝剂、防冻剂、防水剂、膨胀剂等		

2. 使用规范

序号	检测项目	技术要求《通用硅酸盐水泥》(GB 175－2007)	检验方法	取样频率及数量	对规范熟悉情况	能力指标
1	凝结时间	初凝≥45 min，终凝≤600 min(硅酸盐水泥终凝≤390 min)	GB/T 1346－2011	检验频次： (1)同厂家、同编号、同规格的产品每500 t为一批，不足500 t按一批计	1. 是/否准备好规范？电子版还是纸质版	D1、G1
2	安定性	沸煮法合格	GB/T 1346－2011			
3	强度	符合《通用硅酸盐水泥》(GB 175－2007)	GB/T 17671－2021			
4	MgO含量	≤6.0%(硅酸盐水泥、普通硅酸盐水泥≤5.0%)	GB/T 176－2017			
5	Cl^-含量	≤0.06%	GB/T 176－2017			

续表

序号	检测项目	技术要求《通用硅酸盐水泥》(GB 175—2007)	检验方法	取样频率及数量	对规范熟悉情况	能力指标
6	碱含量	≤0.60%	GB/T 176—2017	(2)可连续取样，也可从20个以上不同部位取等量样品，总量至少12 kg	2. 是/否提前预习规范？能准确说出还是能大致说出	D1、G1
7	水化热	—	GB/T 12959—2008			
8	比表面积	≥300 m^2/kg(硅酸盐水泥、普通硅酸盐水泥)	GB/T 8074—2008			
9	细度	80 μm≤10%；45 μm≤30%	GB/T 1345—2005			
10	烧失量	≤5.0%(P·O)；≤3.5%(P·Ⅱ)；≤3.0%(P·Ⅰ)	GB/T 176—2017			
11	SO_3含量	≤3.5%；≤4.0%(P·S)	GB/T 176—2017			
12	不溶物	≤1.5%(P·Ⅱ)；≤0.75%(P·Ⅰ)	GB/T 176—2017			

3. 水泥的取样

(1)手工取样。对于散装水泥，当所取水泥深度不超过2 m时，每一编号内采用散装水泥取样器随机取样。通过转动取样器内管控制开关，在适当位置插入水泥一定深度，关闭后小心抽出，将所取样品放入容器中。每次抽取的单样量应尽量一致。

对于袋装水泥，每一编号内随机抽取不少于20袋水泥，采用袋装水泥取样器取样，将取样器沿对角线方向插入水泥包装袋中，用大拇指按住气孔，小心抽出取样管，将所取样品放入容器中。每次抽取的单样量应尽量一致。

(2)自动取样。采用自动取样器取样。该装置一般安装在尽量接近于水泥包装机或散装容器的管路中，从流动的水泥流中取出样品，将所取样品放入符合要求的容器中。

4. 细度试验(GB/T 1346—2011)

(1)原理。通过负压筛析仪形成的4 000～6 000 Pa负压将粒径小于0.08 mm(0.045 mm)的颗粒从孔径为0.08 mm(0.045 mm)筛孔吸走。

(2)仪器设备。

1)0.08 mm方孔负压筛。

2)压筛析仪。

3)天平(感量0.01 g)、烘箱、软毛刷等。

(3)试验条件。实验室温度为20 ℃±2 ℃，相对湿度应不低于50%。

✻ 课程实施

教学阶段	教学流程	学习成果	教师核查	能力指标
1. 试验前准备工作	(1)记录环境温、湿度(温度 20 ℃±2 ℃、湿度≥50%)			F1
	(2)试验时所用试验筛应保持清洁，负压筛应保持干燥			F1
	(3)筛析试验前，应把负压筛放在筛座上，盖上筛盖，接通电源，检查控制系统，调整负压至 4 000～6 000 Pa			F1
阶段性小结				
2. 开始试验	(1)称取试样 25 g(80 μm 筛)或试样 10 g(45 μm 筛)，置于洁净的负压筛中，盖上筛盖，放在筛座上，开动筛析仪连续筛析 2 min。在此期间如有试样附着在筛盖上，可轻轻敲击，使试样落下			E1、G1、H1
	(2)筛毕，取下筛子，用天平称量全部筛余物的质量，精确至 0.01 g			E1、G1、H1
	(3)当工作负压小于 4000 Pa 时，应清理吸尘器内水泥，使负压恢复正常			E1、G1、H1
阶段性小结				
3. 检测结果评定	(1)水泥试样筛余百分数按下式计算，结果精确至 0.1%。 $$F=\frac{R_s}{W}\times 100\%$$ 式中 F——水泥试样筛余百分数(%)； R_s——水泥筛余物的质量(g)； W——水泥试样的质量(g)			F1、H1
	(2)每个样品应称取两个试样分别筛析，取筛余平均值作为筛析结果。若两次筛余结果绝对误差大于 0.5%时，应再做一次试验，取两次相近结果的平均值作为最终结果			F1、H1
	(3)当采用 80 μm 筛时，水泥筛余百分数 $F\leqslant 10\%$ 为细度合格；当采用 45 μm 筛时，水泥筛余百分数 $F\leqslant 30\%$ 为细度合格			F1
阶段性小结				

✻ 完成质量

1＋X 土木工程混凝土材料检测技能等级证书考核标准。

考核评分记录表

技能要素	技术要求	配分	评分标准	量化分值	得分
试验仪器设备准备及校验	计量仪器设备试验前校准	14	天平校准、调平、归零，9分	9	
	检查仪器设备是否运行正常		开机运转检查，2分	2	
	检查试验环境是否满足要求		温、湿度满足要求，3分	3	
水泥细度测定试验操作	水泥试样、仪器和用具的温度与实验室温度一致	44	温度符合要求，3分	3	
	试验前，检查电源，试验时所用试验筛应保持清洁，负压筛应保持干燥		未检查电源扣3分；试验筛不清洁扣2分	5	
	称取样品，在5～10 s加入称好的样品，防止水泥溅出，按要求安放试验筛		试样取样质量是否满足要求，2分；放样加入，4分；水泥是否溅出，4分；	10	
	筛析试验前，应把负压筛放在筛座上，盖上筛盖，接通电源，检查控制系统，调整负压至4 000～6 000 Pa		把负压筛放在筛座上，盖上筛盖，接通电源，5分；检查控制系统，调整负压至4 000～6 000 Pa范围内，5分	10	
	开动筛析仪连续筛析2 min。在此期间如有试样附着在筛盖上，可轻轻敲击，使试样落下		开动筛析仪连续筛析2 min。在此期间如有试样附着在筛盖上，可轻轻敲击，使试样落下，完成操作，8分	8	
	筛毕，取下筛子，用天平称量全部筛余物的质量，精确至0.01 g		筛毕，取下筛子，用天平称量全部筛余物的质量，精确至0.01 g。称量错误扣8分	8	
计算与试验技巧	水泥试样筛余百分数按下式计算，结果精确至0.1%。 $F=\frac{R_s}{W}\times 100\%$	30	结果计算合理，10分	10	
	每个样品应称取两个试样分别筛析，取筛余平均值作为筛析结果。若两次筛余结果绝对误差大于0.5%时，应再做一次试验，取两次相近结果的平均值作为最终结果		每次结果计算正确，3分，两次结果绝对误差不大于0.5%扣6分	12	
	结果评定		得出正确结论，8分	8	
规程、试验设备事故处理及安全文明试验	试验中注意安全(电源使用、试件安放、测试)	12	有安全隐患扣5分	5	
	试验后仪器设备的维护(电器、仪器、量具的检查与处置)		电源不关扣2分，仪器摆放不整齐扣1分	3	
	试验后场所清理		未清洁扣2分；清洁不完全扣1分	2	
	各种记录填写		未填写扣2分，错误扣1分	2	

✲ 检查与记录

课程侧重																	
课程核心能力权重	A. 责任担当		B. 人文素养		C. 工程知识		D. 学习创新		E. 专业技能		F. 职业操守		G. 问题解决		H. 沟通合作		合计
	15%				15%		10%		15%		15%		15%		15%		100%
课程能力指标权重	A1	A2	B1	B2	C1	C2	D1	D2	E1	E2	F1	F2	G1	G2	H1	H2	合计

✲ 课后反思

反思内容	实际效果	改进设想
工作态度、团队合作意识、质量意识		
成果导向应用情况		
本课评分		

✲ 参考资料

水泥细度

7.2.6 水泥性能检测——水泥安定性试验(代用法)

✲ 课程信息

1. 基本信息

学生姓名		课程地点		课程时间	
指导教师		哪些同学对我起到帮	1.	2.	3.
课程项目	水泥性能检测——水泥安定性试验(代用法)				

2. 学习目标

课程学习侧重点																	
课程核心能力权重	A. 责任担当		B. 人文素养		C. 工程知识		D. 学习创新		E. 专业技能		F. 职业操守		G. 问题解决		H. 沟通合作		合计
	15%				15%		10%		15%		15%		15%		15%		100%
课程能力指标权重	A1	A2	B1	B2	C1	C2	D1	D2	E1	E2	F1	F2	G1	G2	H1	H2	合计
	15%		15%		15%		10%				15%		15%		15%		100%
知识目标	(1)掌握水泥安定性的概念；(2)熟悉水泥安定性影响因素																
能力目标	(1)能够掌握水泥安定性检测步骤；(2)会进行结果分析与评价																
素质与思政目标	(1)养成自觉遵守行业规范、规程标准习惯；(2)具备团队合作意识；(3)培养学生工程质量意识，坚守职业道德																

✲ 背景资料

2020 年，某教学大楼施工时，5 楼钢筋混凝土悬臂梁拆模后突然断塌，造成 1 人死亡，2 人脊椎骨折。经分析，事故发生的原因有两个方面：一方面是使用了过期水泥，未经重新检验当作正常水泥使用，石混凝土拆模时的强度比预计的要低；另一方面是施工时气温低，水泥水化缓慢，而未适当延长混凝土拆模时间。

✲ 课前活动

1. 讨论。

(1)什么是水泥的体积安定性？

____

____

(2)影响水泥体积安定性的因素有哪些？

____

____

(3)水泥运输与储存应注意哪些事项？

2. 网络精品在线开放课程利用。

水泥安定性试验(代用法)

✲ 必备知识

1. 混凝土常用原材料组成

原材料种类	举例	考核结果	能力指标
水泥	通用硅酸盐水泥：硅酸盐水泥、普通硅酸盐水泥、矿渣硅酸盐水泥、复合硅酸盐水泥、粉煤灰硅酸盐水泥、火山灰质硅酸盐水泥		C1
掺合料	粉煤灰、矿粉、硅灰等		
骨料	粗骨料：石(卵石、碎石) 细骨料：砂(河砂、山砂、海砂)(天然砂、机制砂)		
水	拌合用水：饮用水、地下水、地表水		
外加剂	减水剂、引气剂、泵送剂、速凝剂、缓凝剂、防冻剂、防水剂、膨胀剂等		

2. 使用规范

序号	检测项目	技术要求《通用硅酸盐水泥》(GB 175－2007)	检验方法	取样频率及数量	对规范熟悉情况	能力指标
1	凝结时间	初凝≥45 min，终凝≤600 min(硅酸盐水泥终凝≤390 min)	GB/T 1346－2011	检验频次： (1)同厂家、同编号、同规格的产品每500 t为一批，不足500 t按一批计	1. 是/否准备好规范？电子版还是纸质版	D1、G1
2	安定性	沸煮法合格	GB/T 1346－2011			
3	强度	符合《通用硅酸盐水泥》(GB 175－2007)	GB/T 17671－2021			
4	MgO含量	≤6.0%(硅酸盐水泥、普通硅酸盐水泥≤5.0%)	GB/T 176－2017			
5	Cl^-含量	≤0.06%	GB/T 176－2017			
6	碱含量	≤0.60%	GB/T 176－2017			

续表

序号	检测项目	技术要求《通用硅酸盐水泥》(GB 175—2007)	检验方法	取样频率及数量	对规范熟悉情况	能力指标
7	水化热	—	GB/T 12959—2008	(2)可连续取样，也可从20个以上不同部位取等量样品，总量至少12 kg	2. 是/否提前预习规范？能准确说出还是能大致说出	D1、G1
8	比表面积	≥300 m²/kg(硅酸盐水泥、普通硅酸盐水泥)	GB/T 8074—2008			
9	细度	80 μm≤10%；45 μm≤30%	GB/T 1345—2005			
10	烧失量	≤5.0%(P·O)；≤3.5%(P·Ⅱ)；≤3.0%(P·Ⅰ)	GB/T 176—2017			
11	SO_3含量	≤3.5%；≤4.0%(P·S)	GB/T 176—2017			
12	不溶物	≤1.5%(P·Ⅱ)；≤0.75%(P·Ⅰ)	GB/T 176—2017			

3. 水泥的取样

(1)手工取样。对于散装水泥，当所取水泥深度不超过2 m时，每一编号内采用散装水泥取样器随机取样。通过转动取样器内管控制开关，在适当位置插入水泥一定深度，关闭后小心抽出，将所取样品放入容器中。每次抽取的单样量应尽量一致。

对于袋装水泥，每一编号内随机抽取不少于20袋水泥，采用袋装水泥取样器取样，将取样器沿对角线方向插入水泥包装袋中，用大拇指按住气孔，小心抽出取样管，将所取样品放入容器中。每次抽取的单样量应尽量一致。

(2)自动取样。采用自动取样器取样。该装置一般安装在尽量接近于水泥包装机或散装容器的管路中，从流动的水泥中取出样品，将所取样品放入符合要求的容器中。

4. 体积安定性试验(GB/T 1346—2011)

(1)原理。水泥中游离氧化钙(f－CaO)是经过高温煅烧的，水泥浆硬化后才与水缓慢地起反应，其生成物体积膨胀使水泥石开裂。为定性的检验水泥中f－CaO的含量，采用沸煮法以加速f－CaO的水化，测定水泥浆在雷氏夹中沸煮后试针的相对位移以表征其体积膨胀程度，进而推定f－CaO含量是否达到引起工程事故的程度。

(2)仪器设备。

1)水泥净浆搅拌机，符合《水泥净浆搅拌机》(JC/T 729—2005)的要求。

2)湿气养护箱。

3)沸煮箱。

4)天平：最大称量不小于1 000 g，分度值不大于1 g。

5)量筒或滴定管(精度为±0.5 mL)、小刀、10 cm×10 cm玻璃片数块。

(3)试验条件。

1)实验室温度为20 ℃±2 ℃，相对湿度应不低于50%；水泥试样、拌合水、仪器和用具的温度应与实验室一致；

2)湿气养护箱的温度为20 ℃±1 ℃，相对湿度不低于90%。

※ 课程实施

教学阶段	教学流程	学习成果	教师核查	能力指标
1. 课前准备	(1)记录环境温、湿度(温度 20 ℃±2 ℃、湿度≥50%)，水泥试样、拌合水、仪器和用具的温度应与实验室一致			F1
	(2)天平调平、校准、零点校核			F1
	(3)玻璃片涂一薄层矿物油			F1
	(4)搅拌机运行正常，并用湿布将搅拌锅和搅拌叶片擦拭			F1
阶段性小结				
2. 试件的制备	标准稠度水泥净浆的拌制。称 500 g 水泥，加 500×p(g)的水，按规定方法搅拌成标准稠度水泥净浆			E1 G1
阶段性小结				
3. 开始试验	(1)试饼的制作。将拌好的净浆取出一部分(约总量的 1/4)分成两等份，使之成为球形，放在预先涂有薄层矿物油的玻璃片上，轻轻振动玻璃片并用湿布擦过的小刀由边缘向中心修抹，做成直径为 70～80 mm、中心厚约为 10 mm 边缘渐薄、表面光滑的试饼			E1 G1 H1
	(2)试饼的养护。将制作好的试饼连同玻片放入湿气养护箱中养护(24±2)h。然后将试饼从玻璃片上小心取下，观察试饼的形状，并编号			E1 G1 H1
	(3)试饼的沸煮。在试饼无缺陷情况下，将试饼放在沸煮箱中沸煮 180 min±5 min			E1 G1 H1
	(4)放掉箱中的水，打开箱盖，待箱体冷却至室温取出试饼进行判别			E1、G1 H1
阶段性小结				
4. 试验结果计算及结束工作	(1)水泥体积安定性按《水泥标准稠度用水量、凝结时间、安定性检验方法》(GB/T 1346—2011)测定。制备 2 个试饼平行试验。若两试饼沸煮后目测无裂缝，用钢直尺检查也没有弯曲(使钢尺与试饼底部紧靠，若两者不透光为不弯曲)，则该水泥体积安定性合格；反之为不合格。当两试饼判别结果有矛盾时，该水泥体积安定性为不合格			F1 H1

续表

教学阶段	教学流程	学习成果	教师核查	能力指标
4. 试验结果计算及结束工作	(2)《通用硅酸盐水泥》(GB 175－2007)规定，安定性不合格，则水泥为不合格			F1 H1
	注： 1. 在沸煮过程中，如加热至沸腾的时间及沸腾的时间达不到要求，检测结果无效。 2. 在沸腾过程中，因缺水而使试件露出水面，检测结果无效			F1
阶段性小结				

✲ 完成质量

1＋X 土木工程混凝土材料检测技能等级证书考核标准。

考核评分记录表

技能要素	技术要求	配分	评分标准	量化分值	得分
试验仪器设备准备及校验	计量仪器设备试验前校准	10	天平校准、调平、归零，5 分	5	
	检查仪器设备是否运行正常		开机运转检查，2 分	2	
	检查试验环境是否满足要求		温、湿度满足要求，3 分	3	
水泥安定性测定试验操作	水泥试样、拌合水、仪器和用具的温度与实验室温度一致	48	温度符合要求，3 分	3	
	试验前，应先将搅拌锅及搅拌叶片用湿布擦过		搅拌锅及叶片保持湿润，5 分，未做扣 3 分	5	
	称取样品及标准稠度用水量，先将水倒入搅拌锅内再在 5～10 s 加入称好的样品，防止水和水泥溅出，按要求搅拌均匀		试样取样质量是否满足要求，3 分；放样顺序，3 分；水和水泥是否溅出，1 分；叶片和锅壁上的水泥浆刮入锅，4 分	10	
	拌和结束后，取出一部分分成两等份，使之成为球形，放在预先准备好的玻璃片上。轻轻振动玻璃片，用湿布擦过的小刀从边缘向中央抹动，做成直径为 70～80 mm、中心厚度约为 10 mm 的边缘渐薄、表面光滑的试饼		净浆一次性装入雷氏夹，2 分；直角刀轻轻插捣 3 次，5 分；然后抹平，盖上稍擦油的玻璃片，3 分	15	

续表

技能要素	技术要求	配分	评分标准	量化分值	得分
水泥安定性测定试验操作	将试饼放入湿气养护箱中养护(24±2)h。然后将试件小心地从玻璃片上取下并编号	48	操作中不能扳指针否则扣5分	5	
	将试件置于沸煮箱的水中，水在30 min±5 min内加热至沸并恒沸180 min±5 min		放入试件，2分；放水冷却，3分	5	
	放掉箱中的水，试件冷却至室温后备用		测定时不要挂砝码否则扣5分	5	
计算与试验技巧	若两试饼沸煮后目测无裂缝，用钢直尺检查也没有弯曲(使钢尺与试饼底部紧靠，若两者不透光为不弯曲)，则该水泥体积安定性合格；反之为不合格	30	计算正确，5分，评定合理，5分	15	
	当两试饼判别结果有矛盾时，该水泥体积安定性为不合格		能评价正确结果，12分	15	
规程、试验设备事故处理及安全文明试验	试验中注意安全(电源使用、试件安放、测试)	12	有安全隐患扣5分	5	
	试验后仪器设备的维护(电器、仪器、量具的检查与处置)		电源不关扣2分，仪器摆放不整齐扣1分	3	
	试验后场所清理		未清洁扣2分；清洁不完全扣1分	2	
	各种记录填写		未填写扣2分，错误扣1分	2	

✲ 检查与记录

课程侧重																	
课程核心能力权重	A. 责任担当		B. 人文素养		C. 工程知识		D. 学习创新		E. 专业技能		F. 职业操守		G. 问题解决		H. 沟通合作		合计
	15%				15%		10%		15%		15%		15%		15%		100%
课程能力指标权重	A1	A2	B1	B2	C1	C2	D1	D2	E1	E2	F1	F2	G1	G2	H1	H2	合计

✲ 课后反思

反思内容	实际效果	改进设想
工作态度、团队合作意识、质量意识		
成果导向应用情况		
本课评分		

✲ 参考资料

水泥安定性试验试饼法

水泥标准稠度用水量、凝结时间、安定性检验方法 GBT 1346—2011

7.2.7　水泥性能检测——水泥安定性试验(标准法)

✼ 课程信息

1. 基本信息

学生姓名		课程地点		课程时间	
指导教师		哪些同学对我起到帮助	1.	2.	3.
课程项目	水泥性能检测——水泥安定性试验(标准法)				

2. 学习目标

课程学习侧重点																	
课程核心能力权重	A. 责任担当		B. 人文素养		C. 工程知识		D. 学习创新		E. 专业技能		F. 职业操守		G. 问题解决		H. 沟通合作		合计
	15%				15%		10%		15%		15%		15%		15%		100%
课程能力指标权重	A1	A2	B1	B2	C1	C2	D1	D2	E1	E2	F1	F2	G1	G2	H1	H2	合计
	15%		15%		15%		10%				15%		15%		15%		100%
知识目标	(1)掌握水泥安定性的概念；(2)熟悉水泥安定性影响因素																
能力目标	(1)能够掌握水泥安定性检测步骤；(2)会进行结果分析与评价																
素质与思政目标	(1)具备吃苦耐劳精神，严谨求实的工作态度；(2)增强工程质量意识，坚守职业道德																

✼ 背景资料

2020 年，某教学大楼施工时，5 楼钢筋混凝土悬臂梁拆模后突然断塌，造成 1 人死亡，2 人脊椎骨折。经分析，事故发生的原因有两个方面：一方面是使用了过期水泥，未经重新检验当作正常水泥使用，石混凝土拆模时的强度比预计的要低；另一方面是施工时气温低，水泥水化缓慢，而未适当延长混凝土拆模时间。

✼ 课前活动

1. 讨论。

(1)什么是水泥的体积安定性？

____

____

(2)影响水泥体积安定性的因素有哪些？

____

____

(3)水泥运输与储存应注意哪些事项？

____

____

2. 网络精品在线开放课程利用。

水泥安定性试验(标准法)

❋ 必备知识

1. 混凝土常用原材料组成

原材料种类	举例	考核结果	能力指标
水泥	通用硅酸盐水泥：硅酸盐水泥、普通硅酸盐水泥、矿渣硅酸盐水泥、复合硅酸盐水泥、粉煤灰硅酸盐水泥、火山灰质硅酸盐水泥		C1
掺合料	粉煤灰、矿粉、硅灰等		
骨料	粗骨料：石(卵石、碎石) 细骨料：砂(河砂、山砂、海砂)(天然砂、机制砂)		
水	拌合用水：饮用水、地下水、地表水		
外加剂	减水剂、引气剂、泵送剂、速凝剂、缓凝剂、防冻剂、防水剂、膨胀剂等		

2. 使用规范

序号	检测项目	技术要求《通用硅酸盐水泥》(GB 175—2007)	检验方法	取样频率及数量	对规范熟悉情况	能力指标
1	凝结时间	初凝≥45 min，终凝≤600 min(硅酸盐水泥终凝≤390 min)	(GB/T 1346—2011)	检验频次： (1)同厂家、同编号、同规格的产品每500 t为一批，不足500 t按一批计。 (2)可连续取样，也可从20个以上不同部位取等量样品，总量至少12 kg	1. 是/否准备好规范？电子版还是纸质版 2. 是/否提前预习规范？能准确说出还是能大致说出	D1、G1
2	安定性	沸煮法合格	GB/T 1346—2011			
3	强度	符合《通用硅酸盐水泥》(GB 175—2007)	GB/T 17671—2021			
4	MgO含量	≤6.0%(硅酸盐水泥、普通硅酸盐水泥≤5.0%)	GB/T 176—2017			
5	Cl^-含量	≤0.06%	GB/T 176—2017			
6	碱含量	≤0.60%	GB/T 176—2017			
7	水化热	—	GB/T 12959—2008			
8	比表面积	≥300 m^2/kg(硅酸盐水泥、普通硅酸盐水泥)	GB/T 8074—2008			
9	细度	80 μm≤10%；45 μm≤30%	GB/T 1345—2005			
10	烧失量	≤5.0%(P·O)；≤3.5%(P·Ⅱ)；≤3.0%(P·Ⅰ)	GB/T 176—2017			
11	SO_3含量	≤3.5%；≤4.0%(P·S)	GB/T 176—2017			
12	不溶物	≤1.5%(P·Ⅱ)；≤0.75%(P·Ⅰ)	GB/T 176—2017			

3. 水泥的取样

(1)手工取样。对于散装水泥，当所取水泥深度不超过 2 m 时，每一编号内采用散装水泥取样器随机取样。通过转动取样器内管控制开关，在适当位置插入水泥一定深度，关闭后小心抽出，将所取样品放入容器中。每次抽取的单样量应尽量一致。

对于袋装水泥，每一编号内随机抽取不少于 20 袋水泥，采用袋装水泥取样器取样，将取样器沿对角线方向插入水泥包装袋中，用大拇指按住气孔，小心抽出取样管，将所取样品放入容器中。每次抽取的单样量应尽量一致。

(2)自动取样。采用自动取样器取样。该装置一般安装在尽量接近于水泥包装机或散装容器的管路中，从流动的水泥中取出样品，将所取样品放入符合要求的容器中。

4. 体积安定性试验(GB/T 1346—2011)

(1)原理。水泥中游离氧化钙(f－CaO)是经过高温煅烧的，水泥浆硬化后才与水缓慢地起反应，其生成物体积膨胀使水泥石开裂。为定性的检验水泥中 f－CaO 含量，采用沸煮法以加速 f－CaO 的水化，测定水泥浆在雷氏夹中沸煮后试针的相对位移以表征其体积膨胀程度，进而推定 f－CaO 含量是否达到引起工程事故的程度。

(2)仪器设备。

1)雷氏夹(图 7-3、图 7-4)。

2)雷氏夹膨胀值测定仪。

3)水泥净浆搅拌机：符合《水泥净浆搅拌机》(JC/T 729—2005)的要求。

4)沸煮箱。

5)天平：最大称量不小于 1 000 g，分度值不大于 1 g。

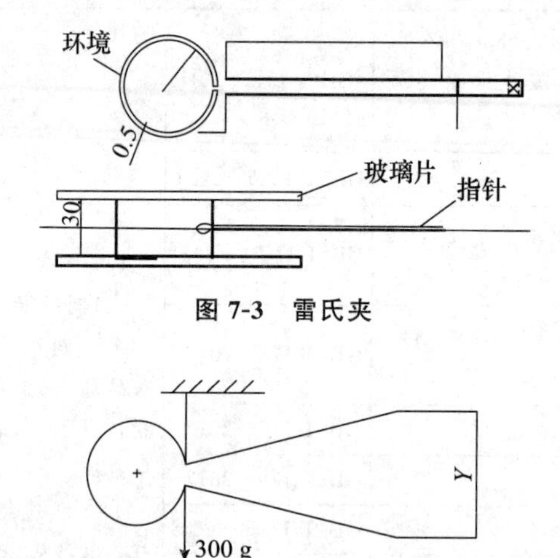

图 7-3 雷氏夹

图 7-4 雷氏夹受力示意

6)量筒：精度为±0.5 mL、小刀、滴定管等。

(3)试验条件。

1)实验室温度为 20 ℃±2 ℃，相对湿度应不低于 50%；水泥试样、拌合水、仪器和用具的温度应与实验室一致；

2)湿气养护箱的温度为 20 ℃±1 ℃，相对湿度不低于 90%。

✲ 课程实施

教学阶段	教学流程	学习成果	教师核查	能力指标
1. 试验前准备	(1)记录环境温、湿度(温度 20 ℃±2 ℃、湿度≥50%)，水泥试样、拌合水、仪器和用具的温度应与实验室一致			F1
	(2)天平调平、校准、零点校核			F1
	(3)用雷氏夹膨胀值测定仪测定雷氏夹两指针尖端间距 X(图 3)			F1
	(4)先将雷氏夹一指针根部悬挂在尼龙丝上，再在另一指针根部悬挂 300 g 砝码，用雷氏夹膨胀值测定仪测定两指针尖端间距 Y(图 4)			F1
	(5)若 $Y-X$ 在 17.5 mm±2.5 mm 内，且去掉砝码后两指针尖端的间距能恢复至挂砝码前的状态，则表示该雷氏夹合格(可用)			F1
	(6)选取两个合格的雷氏夹，将雷氏夹内表面及玻璃片(与水泥浆接触的部分)涂一薄层矿物油			F1
	(7)搅拌机运行正常，并用湿布将搅拌锅和搅拌叶片擦拭			F1
阶段性小结				
2. 试件的制备	标准稠度水泥净浆的拌制。称 500 g 水泥，加 500×p(g)的水，按规定方法搅拌成标准稠度水泥净浆			E1 G1
阶段性小结				
3. 开始试验	(1)雷氏夹试件的成型。将雷氏夹放在已稍擦油的玻璃片上，并立即将拌制好的水泥浆一次装满雷氏夹。装浆时，一手轻轻扶持雷氏夹，另一手用宽 25 mm 的直边刀在浆体表面轻轻插捣三次，然后抹平，盖上稍擦油的玻璃片			E1 G1 H1
	(2)雷氏夹试件的养护。先将试件放入湿气养护箱中养护(24±2)h。然后将雷氏夹试件小心地从玻璃片上取下并编号(不要将雷氏夹里面已硬化的水泥浆取出，千万不能扳指针)			E1 G1 H1
	(3)沸煮前，雷氏夹试件两指针尖端间距(A)的测定用雷氏夹膨胀值测定仪测定雷氏夹试件两指针尖端间距 A(无须挂砝码)			E1、G1 H1
	(4)雷氏夹试件的沸煮。将雷氏夹试件置于沸煮箱的水中，水在 30 min±5 min 内加热至沸腾并恒沸 180 min±5 min。放掉箱中的水，试件冷却至室温后备用			E1 G1 H1
	(5)沸煮后，雷氏夹试件两指针尖端间距(C)的测定。用雷氏夹膨胀值测定仪测定雷氏夹试件沸煮后两指针尖端间距 C(不要挂砝码)			E1 G1 H1

续表

教学阶段	教学流程	学习成果	教师核查	能力指标
阶段性小结				
4. 试验结果计算及结束工作	(1)清理、归位、关机，完善仪器设备运行记录			F1 H1
	(2)记录该水泥的初终凝时间，以 min 表示并记录在受控的原始表格中			F1 H1
	注： 1. 水泥体积安定性按《水泥标准稠度用水量、凝结时间、安定性检验方法》(GB/T 1346—2011)测定。制备两个雷氏夹试件平行试验。若两个试件煮后增加距离($C-A$)的平均值不大于5.0 mm，即$[(C_1-A_1)+(C_2-A_2)]\div 2\leqslant$5 mm，该水泥体积安定性合格。若两个试件煮后增加距离($C-A$)的平均值大于5.0 mm，应用同一样品立即重做一次试验。以复检结果为准。 2.《通用硅酸盐水泥》(GB 175－2007)规定，安定性不合格，则该水泥为不合格			F1
阶段性小结				

✲ 完成质量

1＋X 土木工程混凝土材料检测技能等级证书考核标准。

考核评分记录表

技能要素	技术要求	配分	评分标准	量化分值	得分
试验仪器设备准备及校验	计量仪器设备试验前校准	10	天平校准、调平、归零，5 分	5	
	检查仪器设备是否运行正常		开机运转检查，2 分	2	
	检查试验环境是否满足要求		温、湿度满足要求，3 分	3	
水泥安定性测定试验操作	水泥试样、拌合水、仪器和用具的温度与实验室温度一致	48	温度符合要求，3 分	3	
	试验前，应先将搅拌锅及搅拌叶片用湿布擦过		搅拌锅及叶片保持湿润，5 分；未做扣 3 分	5	
	称取样品及标准稠度用水量，先将水倒入搅拌锅内再在 5～10 s 加入称好的样品，防止水和水泥溅出，按要求搅拌均匀		试样取样质量是否满足要求，3 分；放样顺序，3 分；水和水泥是否溅出，1 分；叶片和锅壁上的水泥浆刮入锅，4 分	10	

续表

技能要素	技术要求	配分	评分标准	量化分值	得分
水泥安定性测定试验操作	拌和结束后，将雷氏夹放在已稍擦油的玻璃片上，并立即将拌制好的水泥浆一次装满雷氏夹。装浆时，一手轻轻扶持雷氏夹，另一手用宽 25 mm 的直边刀在浆体表面轻轻插捣三次，然后抹平，盖上稍擦油的玻璃片	48	净浆一次性装入雷氏夹，2 分；直角刀轻轻插捣 3 次，5 分；然后抹平，盖上稍擦油的玻璃片，3 分	10	
	先将试件放入湿气养护箱中养护(24±2)h，然后将雷氏夹试件小心地从玻璃片上取下，并编号		操作中不能扳指针，否则扣 5 分	5	
	沸煮前，测定雷氏夹试件两指针尖端间距(A)		测试正确，5 分	5	
	将雷氏夹试件置于沸煮箱的水中，水在 30 min±5 min 内加热至沸腾并恒沸 180 min±5 min。放掉箱中的水，试件冷却至室温后备用		放入试件，2 分；放水冷却，3 分	5	
	用雷氏夹膨胀值测定仪测定雷氏夹试件沸煮后两指针尖端间距 C(不要挂砝码)		测定时不要挂砝码，否则扣 5 分	5	
计算与试验技巧	若两个试件煮后增加距离($C-A$)的平均值不大于 5.0 mm，即$[(C_1-A_1)+(C_2-A_2)]\div 2 \leqslant 5$ mm，该水泥体积安定性合格	30	计算正确，5 分，评定合理，5 分	10	
	若两个试件煮后增加距离($C-A$)的平均值大于 5.0 mm，应用同一样品立即重做一次试验		能评价正确结果，15 分	15	
	以复检结果为准		知道者，5 分	5	
规程、试验设备事故处理及安全文明试验	试验中注意安全(电源使用、试件安放、测试)	12	有安全隐患扣 5 分	5	
	试验后仪器设备的维护(电器、仪器、量具的检查与处置)		电源不关扣 2 分；仪器摆放不整齐扣 1 分	3	
	试验后场所清理		未清洁扣 2 分；清洁不完全扣 1 分	2	
	各种记录填写		未填写扣 2 分；错误扣 1 分	2	

✲ 检查与记录

课程侧重																	
课程核心能力权重	A. 责任担当		B. 人文素养		C. 工程知识		D. 学习创新		E. 专业技能		F. 职业操守		G. 问题解决		H. 沟通合作		合计
	15%				15%		10%		15%		15%		15%		15%		100%
课程能力指标权重	A1	A2	B1	B2	C1	C2	D1	D2	E1	E2	F1	F2	G1	G2	H1	H2	合计

✲ 课后反思

反思内容	实际效果	改进设想
工作态度、团队合作意识、质量意识		
成果导向应用情况		
本课评分		

✲ 参考资料

水泥体积安定性试验

7.2.8 粗骨料性能检测——表观密度

✻ 课程信息

1. 基本信息

学生姓名		课程地点		课程时间	
指导教师		哪些同学对我起到帮助	1.	2.	3.
课程项目	粗骨料性能检测——表观密度				

2. 学习目标

课程学习侧重点																	
课程核心能力权重	A. 责任担当		B. 人文素养		C. 工程知识		D. 学习创新		E. 专业技能		F. 职业操守		G. 问题解决		H. 沟通合作		合计
	15%				15%		10%		15%		15%		15%		15%		100%
课程能力指标权重	A1	A2	B1	B2	C1	C2	D1	D2	E1	E2	F1	F2	G1	G2	H1	H2	合计
	15%		15%		15%		10%				15%		15%		15%		100%
知识目标	(1)掌握表观密度的概念；(2)熟悉表观密度影响因素																
能力目标	(1)能够掌握表观密度检测步骤；(2)会进行结果分析与评价																
素质与思政目标	(1)养成自主学习新知识、新技术的习惯；(2)培养学生科学严谨、诚实守信、团结协作的职业素养																

✻ 背景资料

河南某中学教学楼屋面发生局部坍塌。屋面局部倒塌后曾对设计进行审查，未发现任何问题。在对施工方面进行审查中发现以下问题：

(1)进深梁设计时为C20混凝土，施工时未留试块，事后鉴定其强度等级只是C7.5左右。这是由于骨料不合格导致。

(2)混凝土采用的水泥是当地生产的42.5级普通硅酸盐水泥，后经检验只达到32.5级，施工时当作42.5级水泥配制混凝土，导致混凝土的强度受到一定影响。

(3)在进深梁断口处上发现偏在一侧，梁的受拉1/3宽度内几乎没有钢筋，这种主筋布置使梁在屋盖荷载作用下处于弯、剪、扭受力状态，使梁的支承处作用有扭力矩。

✻ 课前活动

1. 讨论。

(1)什么是石子的表观密度？

____

____

(2)粗料密度会对混凝土产生什么影响？

____

____

2. 网络精品在线开放课程利用。

卵石或碎石表观密度试验

✲ 必备知识

1. 混凝土常用原材料组成

原材料种类	举例	考核结果	能力指标
水泥	通用硅酸盐水泥：硅酸盐水泥、普通硅酸盐水泥、矿渣硅酸盐水泥、复合硅酸盐水泥、粉煤灰硅酸盐水泥、火山灰质硅酸盐水泥		C1
掺合料	粉煤灰、矿粉、硅灰等		
骨料	粗骨料：石(卵石、碎石) 细骨料：砂(河砂、山砂、海砂)(天然砂、机制砂)		
水	拌合用水：饮用水、地下水、地表水		
外加剂	减水剂、引气剂、泵送剂、速凝剂、缓凝剂、防冻剂、防水剂、膨胀剂等		

2. 规范要求

根据《建设用卵石、碎石》(GB/T 14685－2022)规定，卵石、碎石表观密度、连续级配松散堆积空隙率应符合如下规定：

(1)表观密度不小于 2 600 kg/m^2；

(2)连续级配松散堆积空隙率应符合表 7-1 的规定。

表 7-1　连续级配松散堆积空隙率

项目	指标		
	Ⅰ类	Ⅱ类	Ⅲ类
空隙率/%	≤43	≤45	≤47

3. 取样方法

(1)在料堆上取样时，取样部位应均匀分布。取样前先将取样部位表层铲除，然后从不同部位随机抽取大致等量的石子 15 份(在料堆的顶部、中部和底部均匀分布的 15 个不同部位取得)组成一组样品。

(2)从皮带运输机上取样时，应用接料器在皮带运输机机头的出料处用与皮带等宽的容器，全断面定时随机抽取大致等量的石子 8 份，组成一组样品。

(3)从火车、汽车、货船上取样时，从不同部位和深度抽取大致等量的石子 16 份，组成一组样品。

4. 取样数量

按规定取样，并缩分至略大于表 7-2 规定的数量，风干后筛除小于 4.75 mm 的颗粒，然后洗刷干净，分为大致相等的两份备用。

表 7-2　表观密度试验所需的试样数量

最大粒径/mm	<26.5	31.5	37.5	63.0	75.0
最少试样质量/kg	2.0	2.0	2.0	4.0	6.0

5. 试样处理

取试样一份装入吊篮，并没入盛水的容器中，水面至少高出试样 50 mm。浸泡 24 h 后，移放到称量用的盛水容器中，并用上下升降吊篮的方法排除气泡(试样不得露出水面)。吊篮每升降一次约 1 s，升降高度为 30～50 mm。

测定水温后(此时吊篮应全浸在水中)，准确称出吊篮及试样在水中的质量，精确至 5 g。称量时盛水容器中水面的高度由容器的溢流孔控制。

提起吊篮，将试样倒入浅盘，放在干燥箱中于(105±5)℃下烘干至恒量，待冷却至室温后，称出其质量，精确至 5 g。

称出吊篮在同样温度水中的质量，精确至 5 g。称量时盛水容器的水面高度仍由溢流孔控制。

6. 表观密度试验(GB/T 14685－2022)

(1)原理。测定石子一定体积(指其实体体积与内部封闭孔隙体积之和)内的质量，作为评定石子质量的依据，为混凝土配合比设计提供数据。采用排水法测定石子的体积，以计算其密度。由于水不能将石子内部封闭的孔隙排除，测得的体积为实体体积与内部封闭孔隙体积之和(不包括开口孔体积)。因石子内部封闭孔隙较少，排水法测得的体积为实体体积的近似值，得到的密度称为表观密度(视密度)。石子的表观密度在混凝土配合比设计时已满足混凝土填充包裹要求。

(2)仪器设备。本试验用仪器设备如下：

1)鼓风干燥箱：能使温度控制在(105±5)℃。

2)天平：称量 5 kg，感量 5 g；其型号及尺寸应能允许在臂上悬挂盛试样的吊篮，并能将吊篮放在水中称量。

3)吊篮：直径和高度均为 150 mm，由孔径为 1～2 mm 的筛网或钻有 2～3 mm 孔洞的耐锈蚀金属板制成。

4)方孔筛：孔径为 4.75 mm 的筛一只。

5)盛水容器：有益流孔。

6)温度计、搪瓷盘、毛巾等。

✲ 课程实施

教学阶段	教学流程	学习成果	教师核查	能力指标
1. 试验前准备工作	(1)天平调平、校准、零点校核			F1
	(2)检查仪器设备			F1
	(3)试验环境检查与记录			F1
阶段性小结				
2. 试样制备	按规定取样，并缩分至略大于表 2 规定的数量，风干后筛除小于 4.75 mm 的颗粒，然后洗刷干净，分为大致相等的两份备用			E1、G1
阶段性小结				
3. 开始试验	(1)取试样一份装入吊篮，并没入盛水的容器中，水面至少高出试样 50 mm。浸泡 24 h 后，移放到称量用的盛水容器中，并用上下升降吊篮的方法排除气泡(试样不得露出水面)。吊篮每升降一次约 1 s，升降高度为 30～50 mm			E1、G1、H1
	(2)测定水温后(此时吊篮应全浸在水中)，准确称出吊篮及试样在水中的质量，精确至 5 g。称量时盛水容器中水面的高度由容器的溢流孔控制			E1、G1、H1
	(3)提起吊篮，将试样倒入浅盘，放在干燥箱中于(105±5)℃下烘干至恒量，待冷却至室温后，称出其质量，精确至 5 g			E1、G1、H1
	(4)称出吊篮在同样温度水中的质量，精确至 5 g。称量时盛水容器的水面高度仍由溢流孔控制			E1、G1、H1
阶段性小结				
4. 试验结果处理及结束工作	(1)表观密度计算(精确至 10 kg/m³)。按以下公式计算： $\rho_0=\left(\frac{G_0}{G_0+G_2-G_1}-\alpha\right)\times\rho_{水}$ 式中 ρ_0——表观密度(kg/m³)； G_0——烘干后试样的质量(g)； G_1——吊篮及试样在水中的质量(g)； G_2——吊篮在水中的质量(g)； $\rho_{水}$——1 000(kg/m³)； $\alpha_{水}$——水温对表观密度影响的修正系数			F1、H1

续表

教学阶段	教学流程	学习成果	教师核查	能力指标
4. 试验结果处理及结束工作	(2)表观密度取两次试验结果的算术平均值，两次试验结果之差大于 20 kg/m^3，应重新试验。 对颗粒材质不均匀的试样，如两次试验结果之差超过 20 kg/m^3，可取 4 次试验结果的算术平均值			F1、H1
	(3)清理、归位、关机，完善仪器设备运行记录			F1
阶段性小结				

✲ 完成质量

1+X 土木工程混凝土材料检测技能等级证书考核标准。

考核评分记录表

技能要素	技术要求	配分	评分标准	量化分值	得分
试验仪器设备准备及校验	校准仪器设备	11	天平调平、校准、零点校核，5 分	5	
	检查仪器设备		检查仪器设备，3 分	3	
	试验环境检查与记录		检查试验环境，3 分	3	
试样制备	按规定取样，风干后筛除小于 4.75 mm 的颗粒，然后洗刷干净，分为大致相等的两份备用	12	取样数量合格，3 分；筛除小于 4.75 mm 的颗粒；3 分； 洗刷干净，3 分；分成相等两份，3 分	12	
试验操作过程	取试样一份装入吊篮，并没入盛水的容器中，水面至少高出试样 50 mm	55	高出水面 50 mm，5 分	5	
	浸泡 24 h 后，移放到称量用的盛水容器中，并用上下升降吊篮的方法排除气泡(试样不得露出水面)。吊篮每升降一次约 1 s，升降高度为 30～50 mm		浸泡 24 h，3 分；试样未露出水面，3 分；水未溅出，2 分；升降高度符合要求，2 分	10	
	测定水温后(此时吊篮应全浸在水中)，准确称出吊篮及试样在水中的质量，精确至 5 g。称量时盛水容器中水面的高度由容器的溢流孔控制		测定水温，2 分；称量准确，5 分；修约正确，3 分	10	

续表

技能要素	技术要求	配分	评分标准	量化分值	得分
试验操作过程	提起吊篮，将试样倒入浅盘，放在干燥箱中于(105±5)℃下烘干至恒量，待冷却至室温后，称出其质量，精确至5 g	55	烘箱温度设置正确，2分；称量准确，5分；修约正确，3分	10	
	称出吊篮在同样温度水中的质量，精确至5 g。称量时盛水容器的水面高度仍由溢流孔控制		称量准确，5分；修约正确，5分	10	
	记录规范性		规范填写、更改，5分，信息齐全，5分，涂改扣5分	10	
计算	计算表观密度	10	表观密度计算正确，3分；修约正确，2分； 若两次试验结果之差大于20 kg/m^{3}扣10分	5	
	计算表观密度算术平均值		表观密度计算正确，3分；修约正确，2分	5	
文明卫生	试验仪器设备关闭及归位	12	归位，2分；未归位一处扣1分	2	
	卫生清理		清理合格，2分；未清理一处扣1分	2	
	工具摆放及样品处理		工具放回原处，石子放入集中回收地点，3分，未做一项工作扣1分	3	
	试验中应注意的安全		试验中有安全隐患扣5分	5	

✲ 检查与记录

<table>
<tr><td colspan="18">课程侧重</td></tr>
<tr><td rowspan="2">课程核心能力权重</td><td colspan="2">A. 责任担当</td><td colspan="2">B. 人文素养</td><td colspan="2">C. 工程知识</td><td colspan="2">D. 学习创新</td><td colspan="2">E. 专业技能</td><td colspan="2">F. 职业操守</td><td colspan="2">G. 问题解决</td><td colspan="2">H. 沟通合作</td><td>合计</td></tr>
<tr><td colspan="2">15%</td><td colspan="2"></td><td colspan="2">15%</td><td colspan="2">10%</td><td colspan="2">15%</td><td colspan="2">15%</td><td colspan="2">15%</td><td colspan="2">15%</td><td>100%</td></tr>
<tr><td rowspan="5">课程能力指标权重</td><td>A1</td><td>A2</td><td>B1</td><td>B2</td><td>C1</td><td>C2</td><td>D1</td><td>D2</td><td>E1</td><td>E2</td><td>F1</td><td>F2</td><td>G1</td><td>G2</td><td>H1</td><td>H2</td><td>合计</td></tr>
<tr><td></td><td></td><td></td><td></td><td></td><td></td><td></td><td></td><td></td><td></td><td></td><td></td><td></td><td></td><td></td><td></td><td></td></tr>
<tr><td></td><td></td><td></td><td></td><td></td><td></td><td></td><td></td><td></td><td></td><td></td><td></td><td></td><td></td><td></td><td></td><td></td></tr>
<tr><td></td><td></td><td></td><td></td><td></td><td></td><td></td><td></td><td></td><td></td><td></td><td></td><td></td><td></td><td></td><td></td><td></td></tr>
<tr><td></td><td></td><td></td><td></td><td></td><td></td><td></td><td></td><td></td><td></td><td></td><td></td><td></td><td></td><td></td><td></td><td></td></tr>
</table>

✲ 课后反思

反思内容	实际效果	改进设想
工作态度、团队合作意识、质量意识		
成果导向应用情况		
本课评分		

✲ 参考资料

石子表观密度

7.2.9 粗骨料性能检测——松散堆积密度

✲ 课程信息

1. 基本信息

学生姓名		课程地点		课程时间	
指导教师		哪些同学对我起到帮助	1.	2.	3.
课程项目	粗骨料性能检测——松散堆积密度				

2. 学习目标

课程学习侧重点																	
课程核心能力权重	A. 责任担当		B. 人文素养		C. 工程知识		D. 学习创新		E. 专业技能		F. 职业操守		G. 问题解决		H. 沟通合作		合计
	15%				15%		10%		15%		15%		15%		15%		100%
课程能力指标权重	A1	A2	B1	B2	C1	C2	D1	D2	E1	E2	F1	F2	G1	G2	H1	H2	合计
	15%		15%		15%		10%				15%		15%		15%		100%
知识目标	(1)掌握松散堆积密度的概念；(2)熟悉松散堆积密度影响因素																
能力目标	(1)能够掌握松散堆积密度检测步骤；(2)会进行结果分析与评价																
素质与思政目标	(1)培养学生踏实勤奋、吃苦耐劳、精益求精、实践创新的工匠精神；(2)培养学生工程质量意识，增强学生的使命感和责任感																

✲ 背景资料

河南某中学教学楼屋面发生局部坍塌。屋面局部倒塌后曾对设计进行审查，未发现任何问题。在对施工方面进行审查中发现以下问题：

(1)进深梁设计时为C20混凝土，施工时未留试块，事后鉴定其强度等级只是C7.5左右。这是由于骨料不合格导致。

(2)混凝土采用的水泥是当地生产的42.5级普通硅酸盐水泥，后经检验只达到32.5级，施工时当作42.5级水泥配制混凝土，导致混凝土的强度受到一定影响。

(3)在进深梁断口处上发现偏在一侧，梁的受拉1/3宽度内几乎没有钢筋，这种主筋布置使梁在屋盖荷载作用下处于弯、剪、扭受力状态，使梁的支承处作用有扭力矩。

✲ 课前活动

1. 讨论。

(1)什么是石子的堆积密度？

(2)堆积密度与表观密度有何不同？

____

____

2. 网络精品在线开放课程利用。

卵石或碎石松散堆积密度试验

✲ 必备知识

1. 混凝土常用原材料组成

原材料种类	举例	考核结果	能力指标
水泥	通用硅酸盐水泥：硅酸盐水泥、普通硅酸盐水泥、矿渣硅酸盐水泥、复合硅酸盐水泥、粉煤灰硅酸盐水泥、火山灰质硅酸盐水泥		C1
掺合料	粉煤灰、矿粉、硅灰等		
骨料	粗骨料：石(卵石、碎石) 细骨料：砂(河砂、山砂、海砂)(天然砂、机制砂)		
水	拌合用水：饮用水、地下水、地表水		
外加剂	减水剂、引气剂、泵送剂、速凝剂、缓凝剂、防冻剂、防水剂、膨胀剂等		

2. 规范要求

根据《建设用卵石、碎石》(GB/T 14685－2022)规定，卵石、碎石表观密度、连续级配松散堆积空隙率应符合如下规定：

(1)表观密度不小于 2 600 kg/m^2；

(2)连续级配松散堆积空隙率应符合表 7-1 的规定。

3. 取样方法

(1)在料堆上取样时，取样部位应均匀分布。取样前先将取样部位表层铲除，然后从不同部位随机抽取大致等量的石子 15 份(在料堆的顶部、中部和底部均匀分布的 15 个不同部位取得)组成一组样品。

(2)从皮带运输机上取样时，应用接料器在皮带运输机机头的出料处用与皮带等宽的容器，全断面定时随机抽取大致等量的石子 8 份，组成一组样品。

(3)从火车、汽车、货船上取样时，从不同部位和深度抽取大致等量的石子 16 份，组成一组样品。

4. 取样数量

按规定取样，烘干或风干后，拌匀并把试样分为大致相等的两份备用。

5. 试样处理

取试样一份，用小铲将试样从容量筒口中心上方 50 mm 处徐徐倒入，让试样以自由落体落下，当容量筒上部试样呈堆体，且容量筒四周溢满时，即停止加料。除去凸出容量口表面的颗粒，并以合适的颗粒填入凹陷部分，使表面稍凸起部分和凹陷部分的体积大致相等(试验过程应防止触动容量筒)，称出试样和容量筒总质量。

6. 松散堆积密度试验(GB/T 14685—2022)

(1)原理。测定石子在自然堆积状态下单位体积的质量、计算自然松散状态下石子的空隙率，以评定石子的质量及级配，为混凝土配合比设计提供资料，并用以估计运输工具的数量或存放堆场的面积等。按石子的(松散)堆积密度、(松散)空隙率的定义进行测定与计算。松散堆积密度是确定低塑性混凝土、塑性混凝土、流动性混凝土、大流动性等混凝土砂浆用量(用“砂浆富裕系数”表示)或砂率的重要依据。

(2)仪器设备。本试验用仪器设备如下：

1)天平：称量 10 kg，感量 10g；称量 50 kg 或 100 kg，感量 50 g 各一台。

2)容量筒：容量筒规格见表 7-3。

3)垫棒：直径 16 mm，长 600 mm 的圆钢。

4)直尺、小铲等。

表 7-3　容量筒的规格要求

最大粒径/mm	容量筒容积/L	容量筒规格		
		内径/mm	净高/mm	壁厚/mm
9.5、16.0、19.0、26.5	10	208	294	2
31.5、37.5	20	294	294	3
53.0、63.0、75.0	30	360	294	4

✲ 课程实施

<table>
<tr><th>教学阶段</th><th>教学流程</th><th>学习成果</th><th>教师核查</th><th>能力指标</th></tr>
<tr><td rowspan="3">1. 试验前准备工作</td><td>(1)天平调平、校准、零点校核</td><td></td><td></td><td>F1</td></tr>
<tr><td>(2)检查仪器设备</td><td></td><td></td><td>F1</td></tr>
<tr><td>(3)试验环境检查与记录</td><td></td><td></td><td>F1</td></tr>
<tr><td>阶段性小结</td><td colspan="4"></td></tr>
<tr><td>2. 试样制备</td><td>按规定取样，烘干或风干后，拌匀并把试样分为大致相等的两份备用</td><td></td><td></td><td>E1、G1</td></tr>
<tr><td>阶段性小结</td><td colspan="4"></td></tr>
<tr><td rowspan="3">3. 开始试验</td><td>(1)取试样一份，用小铲将试样从容量筒口中心上方 50 mm 处徐徐倒入，让试样以自由落体落下</td><td></td><td></td><td>E1、G1、H1</td></tr>
<tr><td>(2)当容量筒上部试样呈堆体，且容量筒四周溢满时，即停止加料。除去凸出容量口表面的颗粒，并以合适的颗粒填入凹陷部分，使表面稍凸起部分和凹陷部分的体积大致相等(试验过程应防止触动容量筒)</td><td></td><td></td><td>E1、G1、H1</td></tr>
<tr><td>(3)称出试样和容量筒总质量</td><td></td><td></td><td>E1、G1、H1</td></tr>
<tr><td>阶段性小结</td><td colspan="4"></td></tr>
<tr><td rowspan="3">4. 试验结果处理及结束工作</td><td>松散堆积密度计算(精确至 10 kg/m^3)。按以下公式计算：
$$\rho_1 = \frac{G_1 - G_2}{V}$$
式中 ρ_1——堆积密度(kg/m^3)；
G_1——容量筒和试样的总质量(g)；
G_2——容量筒的质量(g)；
V——容量筒的容积(L)</td><td></td><td></td><td>F1、H1</td></tr>
<tr><td>堆积密度取两次试验结果的算术平均值，精确至 10 kg/m，空隙率取两次试验结果的算术平均值，精确至 1%</td><td></td><td></td><td>F1、H1</td></tr>
<tr><td>清理、归位、关机，完善仪器设备运行记录</td><td></td><td></td><td>F1</td></tr>
<tr><td>阶段性小结</td><td colspan="4"></td></tr>
</table>

✲ 完成质量

1+X土木工程混凝土材料检测技能等级证书考核标准。

考核评分记录表

技能要素	技术要求	配分	评分标准	量化分值	得分
试验仪器设备准备及校验	校准仪器设备	11	天平调平、校准、零点校核，5分	5	
	检查仪器设备		检查仪器设备，3分	3	
	试验环境检查与记录		检查试验环境，3分	3	
试样制备	按规定取样，烘干或风干后，拌匀并把试样分为大致相等的两份备用	10	取样数量合格，3分；试样烘干后如有结块，应在试验前先捏碎，4分；分成相等两份，3分	10	
试验操作过程	取试样一份，用小铲将试样从容量筒口中心上方50 mm处徐徐倒入，让试样以自由落体落下	55	用小铲将试样从容量筒口中心上方距离50 mm处徐徐倒入，5分	5	
	当容量筒上部试样呈堆体，且容量筒四周溢满时，即停止加料。除去凸出容量口表面的颗粒，并以合适的颗粒填入凹陷部分，使表面稍凸起部分和凹陷部分的体积大致相等(试验过程应防止触动容量筒)		容量口表面凹凸处大致处理平整，8分；未触动容量筒，8分	16	
	称出试样和容量筒总质量		试样称量准确，8分；容量筒称量准确，8分；修约正确，8分	24	
	记录规范性		规范填写、更改，5分；信息齐全，5分；涂改扣，5分	10	
计算	计算堆积密度	12	堆积密度计算正确，3分；修约正确，2分；若两次试验结果之差大于20 kg/m³扣10分	5	
	计算表观密度算术平均值		堆积密度平均值计算正确，5分；修约正确，2分	7	
文明卫生	试验仪器设备关闭及归位	12	归位，2分；未归位一处扣1分	2	
	卫生清理		清理合格，2分，未清理一处扣1分	2	
	工具摆放及样品处理		工具放回原处，石子放入集中回收地点，3分；未做一项工作扣1分	3	
	试验中应注意的安全		试验中有安全隐患扣5分	5	

❋ 检查与记录

课程侧重																	
课程核心能力权重	A. 责任担当		B. 人文素养		C. 工程知识		D. 学习创新		E. 专业技能		F. 职业操守		G. 问题解决		H. 沟通合作		合计
	15%				15%		10%		15%		15%		15%		15%		100%
课程能力指标权重	A1	A2	B1	B2	C1	C2	D1	D2	E1	E2	F1	F2	G1	G2	H1	H2	合计

❋ 课后反思

反思内容	实际效果	改进设想
工作态度、团队合作意识、质量意识		
成果导向应用情况		
本课评分		

❋ 参考资料

石子堆积密度

7.2.10 粗骨料性能检测——颗粒级配

✲ 课程信息

1. 基本信息

学生姓名		课程地点		课程时间	
指导教师		哪些同学对我起到帮助	1.	2.	3.
课程项目	粗骨料性能检测——颗粒级配				

2. 学习目标

课程学习侧重点																	
课程核心能力权重	A. 责任担当		B. 人文素养		C. 工程知识		D. 学习创新		E. 专业技能		F. 职业操守		G. 问题解决		H. 沟通合作		合计
	15%				15%		10%		15%		15%		15%		15%		100%
课程能力指标权重	A1	A2	B1	B2	C1	C2	D1	D2	E1	E2	F1	F2	G1	G2	H1	H2	合计
	15%		15%		15%		10%				15%		15%		15%		100%
知识目标	(1)掌握松散堆积密度的概念；(2)熟悉松散堆积密度影响因素																
能力目标	(1)能够掌握松散堆积密度检测步骤；(2)会进行结果分析与评价																
素质与思政目标	(1)增强法律意识、质量意识和安全意识；(2)养成科学严谨、诚实守信、团结协作的职业素养																

✲ 背景资料

河南某中学教学楼屋面发生局部坍塌。屋面局部倒塌后曾对设计进行审查，未发现任何问题。在对施工方面进行审查中发现以下问题：

(1)进深梁设计时为C20混凝土，施工时未留试块，事后鉴定其强度等级只是C7.5左右。这是由于骨料不合格导致。

(2)混凝土采用的水泥是当地生产的42.5级普通硅酸盐水泥，后经检验只达到32.5级，施工时当作42.5级水泥配制混凝土，导致混凝土的强度受到一定影响。

(3)在进深梁断口处上发现偏在一侧，梁的受拉1/3宽度内几乎没有钢筋，这种主筋布置使梁在屋盖荷载作用下处于弯、剪、扭受力状态，使梁的支承处作用有扭力矩。

✲ 课前活动

1. 讨论。

(1)粗骨料对混凝土强度有什么影响？

____

____

(2)粗骨料需要检测哪些技术指标？

____

____

2. 网络精品在线开放课程利用。

石子颗粒级配筛分析试验

✲ 必备知识

1. 混凝土常用原材料组成

原材料种类	举例	考核结果	能力指标
水泥	通用硅酸盐水泥：硅酸盐水泥、普通硅酸盐水泥、矿渣硅酸盐水泥、复合硅酸盐水泥、粉煤灰硅酸盐水泥、火山灰质硅酸盐水泥		
掺合料	粉煤灰、矿粉、硅灰等		
骨料	粗骨料：石(卵石、碎石) 细骨料：砂(河砂、山砂、海砂)(天然砂、机制砂)		C1
水	拌合用水：饮用水、地下水、地表水		
外加剂	减水剂、引气剂、泵送剂、速凝剂、缓凝剂、防冻剂、防水剂、膨胀剂等		

2. 规范要求

《建设用卵石、碎石》(GB/T 14685－2022)中卵石、碎石颗粒级配技术指标见表 7-4。

表 7-4　卵石、碎石颗粒级配技术指标

公称粒级/mm		累计筛余/%											
		方孔筛/mm											
		2.36	4.75	9.50	16.0	19.0	26.5	31.5	37.5	53.0	63.0	75.0	90
连续粒级	5～16	95～100	85～100	30～60	0～10	0	—	—	—	—	—	—	—
	5～20	95～100	90～100	40～80	—	0～10	0	—	—	—	—	—	—
	5～25	95～100	90～100	—	30～70	—	0～5	0	—	—	—	—	—
	5～31.5	95～100	90～100	70～90	—	15～45	—	0～5	0	—	—	—	—
	5～40	—	95～100	70～90	—	30～65	—	—	0～5	0	—	—	—

续表

公称粒级/mm		累计筛余/%											
		方孔筛/mm											
		2.36	4.75	9.50	16.0	19.0	26.5	31.5	37.5	53.0	63.0	75.0	90
单粒粒级	5～10	95～100	80～100	0～15	0	—	—	—	—	—	—	—	—
	10～16	—	95～100	80～100	0～15	—	—	—	—	—	—	—	—
	10～20	—	95～100	85～100	—	0～15	0	—	—	—	—	—	—
	16～25	—	—	95～100	55～70	25～40	0～10	—	—	—	—	—	—
	16～31.5	—	95～100	—	85～100	—	—	0～10	0	—	—	—	—
	20～40	—	—	95～100		80～100	—	—	0～10	0	—	—	—
	40～80	—	—	—	—	95～100	—	—	70～100	—	30～60	0～10	0

3. 取样方法

(1)在料堆上取样时，取样部位应均匀分布。取样前先将取样部位表层铲除，然后从不同部位随机抽取大致等量的石子 15 份(在料堆的顶部、中部和底部均匀分布的 15 个不同部位取得)组成一组样品。

(2)从皮带运输机上取样时，应用接料器在皮带运输机机头的出料处用与皮带等宽的容器，全断面定时随机抽取大致等量的石子 8 份，组成一组样品。

(3)从火车、汽车、货船上取样时，从不同部位和深度抽取大致等量的石子 16 份，组成一组样品。

4. 取样数量

单项试验的最少取样数量应符合表 7-5 的规定。若进行几项试验时，如能保证试样经几项试验后不致影响另一项试验的结果，可用同一试样进行几项不同的试验。

表 7-5 颗粒级配所需试样数量

最大粒径/mm	9.5	16.0	19.0	26.5	31.5	37.5	63.0	75.0
最少取样数量/kg	1.9	3.2	3.8	5.0	6.3	7.5	12.6	16.0

5. 试样处理

将所取样品置于平板上，在自然状态下拌和均匀，并堆成堆体，然后沿互相垂直的两条直径把堆体分成大致相等的四份，取其中对角线的两份重新拌匀，再堆成堆体。重复上述过程，直至把样品缩分到试验所需量为止。

6. 颗粒级配试验(GB/T 14685－2022)

(1)原理。根据各筛的累计筛余百分率，对照级配表(由堆积密度最大、空隙率最小等原则经过试验按统计方法编制的)以评定其级配。

(2)仪器设备。本试验用仪器设备如下：

1)鼓风干燥箱：能使温度控制在(105±5)℃；

2)天平：称量 10 kg，感量 1 g；

3)方孔筛：孔径为 2.36 mm、4.75 mm、9. 50 mm、16.0 mm、19.0 mm、26.5 mm、31.5 mm、37.5 mm、53.0 mm、63.0 mm、75.0 mm 及 90 mm 的筛各一只，并附有筛底和筛盖(筛框内径为 300 mm)；

4)摇筛机；

5)浅盘、毛刷等。

❀ 课程实施

教学阶段	教学流程	教师核查	改进核查	能力指标
1. 试验前准备工作	(1)天平调平、校准、零点校核			F1
	(2)检查试验筛			F1
	(3)摇筛机开机运转检查			F1
	(4)试验环境检查与记录			F1
阶段性小结				
2. 试样制备	骨料按规定取样后用四分法缩分至表中规定数量试样一份，在(105±5)℃烘箱中烘干至恒重，冷却至室温并称量			E1、G1
阶段性小结				
3. 开始试验	(1)将2.36 mm、4.75 mm、9.50 mm、16.0 mm、19.0 mm、26.5 mm、31.5 mm、37.5 mm、53.0 mm、63.0 mm、75.0 mm及90 mm筛按孔径大小顺序排列(大孔在上、小孔在下)，且最上为筛盖、最底为底盘，组成套筛			E1、G1、H1
	(2)精确称取规定数量骨料倒入90 mm筛上，盖上筛盖			E1、G1、H1
	(3)将套筛置于摇筛机上固紧，开启摇筛机筛10 min			
	(4)取下套筛，按筛孔由大到小顺序逐个用手筛，筛至每分钟通过量小于试样总量的0.1%为止。通过的颗粒并入下一号筛中，并和下一号筛中的试样一起过筛，按这样顺序进行，直至各号筛全部筛完为止。当筛余颗粒粒径大于19.0 mm时，筛分允许用手指拨动颗粒			
	(5)称各号筛的筛余质量。精确至1 g			
阶段性小结				
4. 试验结果处理及结束工作	(1)计算各号筛分计筛余百分率： 各号筛的筛余量与试样总质量之比，精确至0.1%。 $P_i = G_i / G_0 \times 100\%$ 式中 P_i——i号粒级筛的分计筛余百分率； G_i——i号粒级筛上的筛余量(g)； G_0——试样总量(g)			F1、H1
	(2)计算各号筛累计筛余百分率： 该号筛及以上各筛的分计筛余百分率之和，精确至1%。$A_i = P_1 + P_2 + P_3 + \cdots + P_n$ 根据各号筛的累计筛余百分率，采用修约值比较法评定该试样的颗粒级配			F1、H1

续表

教学阶段	教学流程	教师核查	改进核查	能力指标
4. 试验结果处理及结束工作	(3)粗骨料的筛分析试验应做两次，取另一份试样再进行一次筛分析试验。筛分后，如每号筛的筛余量与筛底的筛余量之和同原试样质量之差超过1%时，应重新试验			F1
	(4)清理、归位、关机，完善仪器设备运行记录			
阶段性小结				

✲ 完成质量

1+X 土木工程混凝土材料检测技能等级证书考核标准。

考核评分记录表

技能要素	技术要求	配分	评分标准	量化分值	得分
试验仪器设备准备及校准	天平开机校准	14	天平校准，2分；调平，2分；归零，2分	6	
	试验筛检查		筛网杂物检查及清除，2分；未检查清除，0分；套筛顺序检查，2分；未检查0分	4	
	摇筛机开机运转检查		是否进行试验前通电运转：是，2分；否，0分	2	
	试验环境检查与记录		温、湿度检查，2分	2	
试样制备	试验前将样品风干，缩分至规定数量	20	缩分至规定数量，5分；用四分法缩分，5分	10	
	称量准确(精确至1g)		称量准确，10分；一个未称量准确，扣1分扣满10分为止	10	
试验操作过程	摇筛试验	50	扣紧，5分；时间设置正确，5分	10	
	取下套筛，按筛孔由大到小顺序逐个用手筛，筛至每分钟通过量小于试样总量的0.1%为止		两次试验，每级按规范进行手筛，每级筛至每分钟通过量小于试样总量0.1%为止。一级未按以上要求试验扣2分，扣满12分为止	12	
	分计、累计筛余计算(分计筛余精确至0.1%，累计筛余精确至1%)		分计或累计筛余错误一处扣1分，扣满12分为止	12	
	筛余与筛底总量与筛前试样量比较		筛余与筛底总量与筛前试样质量之差不超过1%，5分	5	
	记录规范性		规范填写、更改，6分；信息齐全，5分；涂改扣5分	11	

续表

技能要素	技术要求	配分	评分标准	量化分值	得分
文明卫生	试验仪器设备关闭及归位	16	归位，4 分；未归位一处扣 1 分	4	
	卫生清理		清理合格得 4 分，未清理一处扣 1 分	4	
	工具摆放及样品处理		工具放回原处，石子放入集中回收地点，4 分；未做一项工作扣 1 分	4	
	试验中应注意的安全		试验中有安全隐患扣 4 分	4	

✲ 检查与记录

<table>
<tr><td colspan="18">课程侧重</td></tr>
<tr><td rowspan="2">课程核心能力权重</td><td colspan="2">A. 责任担当</td><td colspan="2">B. 人文素养</td><td colspan="2">C. 工程知识</td><td colspan="2">D. 学习创新</td><td colspan="2">E. 专业技能</td><td colspan="2">F. 职业操守</td><td colspan="2">G. 问题解决</td><td colspan="2">H. 沟通合作</td><td>合计</td></tr>
<tr><td colspan="2">15%</td><td colspan="2"></td><td colspan="2">15%</td><td colspan="2">10%</td><td colspan="2">15%</td><td colspan="2">15%</td><td colspan="2">15%</td><td colspan="2">15%</td><td>100%</td></tr>
<tr><td rowspan="2">课程能力指标权重</td><td>A1</td><td>A2</td><td>B1</td><td>B2</td><td>C1</td><td>C2</td><td>D1</td><td>D2</td><td>E1</td><td>E2</td><td>F1</td><td>F2</td><td>G1</td><td>G2</td><td>H1</td><td>H2</td><td>合计</td></tr>
<tr><td></td><td></td><td></td><td></td><td></td><td></td><td></td><td></td><td></td><td></td><td></td><td></td><td></td><td></td><td></td><td></td><td></td></tr>
</table>

✲ 课后反思

反思内容	实际效果	改进设想
工作态度、团队合作意识、质量意识		
成果导向应用情况		
本课评分		

✲ 参考资料

石子的颗粒级配

7.2.11 粗骨料性能检测——压碎指标

✲ 课程信息

1. 基本信息

学生姓名		课程地点		课程时间	
指导教师		哪些同学对我起到帮助	1.	2.	3.
课程项目	粗骨料性能检测——压碎指标				

2. 学习目标

课程学习侧重点																	
课程核心能力权重	A. 责任担当		B. 人文素养		C. 工程知识		D. 学习创新		E. 专业技能		F. 职业操守		G. 问题解决		H. 沟通合作		合计
	15%				15%		10%		15%		15%		15%		15%		100%
课程能力指标权重	A1	A2	B1	B2	C1	C2	D1	D2	E1	E2	F1	F2	G1	G2	H1	H2	合计
	15%		15%		15%		10%				15%		15%		15%		100%
知识目标	(1)掌握压碎指标的概念；(2)熟悉压碎指标影响因素																
能力目标	(1)能够掌握压碎指标检测步骤；(2)会进行结果分析与评价																
素质与思政目标	(1)养成不断进取、严谨求实的工作态度；(2)能够进行有效的沟通和交流，具备团队合作意识；(3)培养学生的安全意识和质量意识																

✲ 背景资料

河南某中学教学楼屋面发生局部坍塌。屋面局部倒塌后曾对设计进行审查，未发现任何问题。在对施工方面进行审查中发现以下问题：

(1)进深梁设计时为C20混凝土，施工时未留试块，事后鉴定其强度等级只是C7.5左右，这是由于骨料不合格导致。

(2)混凝土采用的水泥是当地生产的42.5级普通硅酸盐水泥，后经检验只达到32.5级，施工时当作42.5级水泥配制混凝土，导致混凝土的强度受到一定影响。

(3)在进深梁断口处上发现偏在一侧，梁的受拉1/3宽度内几乎没有钢筋，这种主筋布置使梁在屋盖荷载作用下处于弯、剪、扭受力状态，使梁的支承处作用有扭力矩。

✲ 课前活动

1. 讨论。

(1)什么是石子的压碎指标？

(2)压碎指标含量超过规定时会对混凝土产生什么影响？

____

____

2. 网络精品在线开放课程利用。

建设用卵碎石的压碎指标试验

✲ 必备知识

1. 混凝土常用原材料组成

原材料种类	举例	考核结果	能力指标
水泥	通用硅酸盐水泥：硅酸盐水泥、普通硅酸盐水泥、矿渣硅酸盐水泥、复合硅酸盐水泥、粉煤灰硅酸盐水泥、火山灰质硅酸盐水泥		C1
掺合料	粉煤灰、矿粉、硅灰等		
骨料	粗骨料：石(卵石、碎石) 细骨料：砂(河砂、山砂、海砂)(天然砂、机制砂)		
水	拌合用水：饮用水、地下水、地表水		
外加剂	减水剂、引气剂、泵送剂、速凝剂、缓凝剂、防冻剂、防水剂、膨胀剂等		

2. 规范要求

《建设用卵石、碎石》(GB/T 14685—2022)中主要技术指标见表 7-6。

表 7-6　石子的压碎指标

项目	指标		
	Ⅰ类	Ⅱ类	Ⅲ类
碎石压碎指标/%	≤10	≤20	≤30
卵石压碎指标/%	≤12	≤14	≤16

3. 取样方法

(1)在料堆上取样时，取样部位应均匀分布。取样前先将取样部位表层铲除，然后从不同部位随机抽取大致等量的石子 15 份(在料堆的顶部、中部和底部均匀分布的 15 个不同部位取得)组成一组样品。

(2)从皮带运输机上取样时，应用接料器在皮带运输机机头的出料处用与皮带等宽的容器，全断面定时随机抽取大致等量的石子 8 份，组成一组样品。

(3)从火车、汽车、货船上取样时，从不同部位和深度抽取大致等量的石子 16 份，组成一组样品。

4. 取样数量

按规定取样，风干后筛除大于 19.0 mm 及小于 9.50 mm 的颗粒，并去除针、片状颗粒，分为大致相等的三份备用。当试样中粒径在 9.50～19.0 mm 的颗粒不足时，允许将粒径大于 19.0 mm 的颗粒破碎成粒径为 9.50～19.0 mm 的颗粒用作压碎指标试验。

5. 试样处理

称取试样 3 000 g，精确至 1 g。将试样分两层装入圆模(置于底盘上)内，每装完一层试样后，在底盘下面垫放一直径为 10 mm 的圆钢，将筒按住，左右交替颠击地面各 25 下，两层颠实后，平整模内试样表面，盖上压头。当圆模装不下 3 000 g 试样时，以装至距圆模上口 10 mm 为准。

把装有试样的圆模置于压力试验机上，开动压力试验机，按 1 kN/s 速度均匀加荷至 200 kN 并稳荷 5 s，然后卸荷。取下加压头，倒出试样，用孔径为 2.36 mm 的筛筛除被压碎的细粒，称出留在筛上的试样质量，精确至 1 g。

6. 压碎指标试验

(1)原理。将规定粒径(10～20 mm)的石子装入测定仪，一定条件下加压，石子强度越大，破碎成细颗粒(粒径小于 2.5 mm)的量占总颗粒的量就越小。

(2)仪器设备。本试验用仪器设备如下：

1)压力试验机：量程 300 kN，示值相对误差 2%；

2)天平：称量 10 kg，感量 1 g；

3)受压试模(压碎指标测定仪，如图 7-5 所示)。

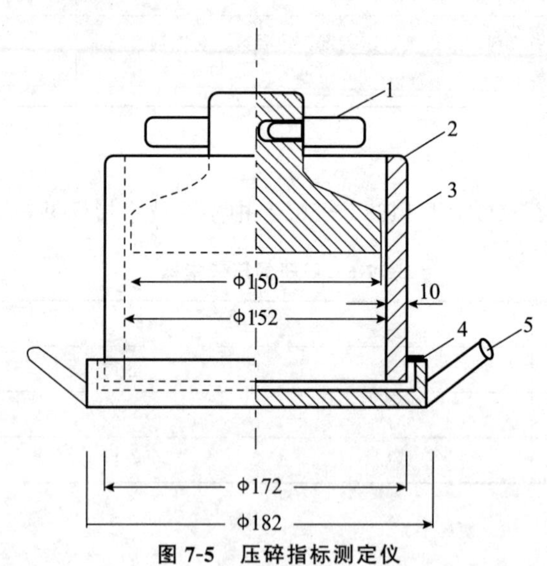

图 7-5　压碎指标测定仪

1—压头把手；2—加压头；3—圆模；4—底盘；5—底盘把手

✲ 课程实施

教学阶段	教学流程	教师核查	改进核查	能力指标
1. 试验前准备工作	(1)天平调平、校准、零点校核			F1
	(2)检查试验筛			F1
	(3)压力试验机开机运转检查			F1
	(4)试验环境检查与记录			F1
阶段性小结				
2. 试样制备	按规定取样，风干后筛除大于 19.0 mm 及小于 9.50 mm 的颗粒，并去除针、片状颗粒，分为大致相等的三份备用			E1、G1
阶段性小结				
3. 开始试验	(1)称取试样 3 000 g，精确至 1 g。将试样分两层装入圆模(置于底盘上)内，每装完一层试样后，在底盘下面垫放一直径为 10 mm 的圆钢，将筒按住，左右交替颠击地面各 25 下，两层颠实后，平整模内试样表面，盖上压头。当圆模装不下 3 000 g 试样时，以装至距圆模上口 10 mm 为准			E1、G1、H1
	(2)把装有试样的圆模置于压力试验机上，开动压力试验机，按 1 kN/s 速度均匀加荷至 200 kN 并稳荷 5 s，然后卸荷			E1、G1、H1
	(3)取下加压头，倒出试样，用孔径 2.36 mm 的筛筛除被压碎的细粒			E1、G1、H1
	(4)称取通过 2.36 mm 筛孔的全部细料质量，准确至 1 g			E1、G1、H1
阶段性小结				
4. 试验结果处理及结束工作	计算压碎指标(精确至 0.1%)。按以下公式计算： $$Q_e=\frac{G_1-G_2}{G_1}\times 100\%$$ 式中 Q_e——压碎指标(%)； G_1——试样质量(g)； G_2——压碎试验后筛余的试样质量(g)			F1、H1
	压碎指标取三次试验结果的算术平均值，精确至 1%			F1、H1
	清理、归位、关机，完善仪器设备运行记录			F1
阶段性小结				

✲ 完成质量

1＋X 土木工程混凝土材料检测技能等级证书考核标准。

考核评分记录表

技能要素	技术要求	配分	评分标准	量化分值	得分
试验仪器设备准备及校准	天平开机校准	14	天平校准，2 分；调平，2 分；归零，2 分	6	
	试验筛检查		筛网杂物检查及清除，2 分；未检查清除，0 分；套筛顺序检查，2 分；未检查，0 分	4	
	摇筛机开机运转检查		是否进行试验前通电运转：是，2 分；否，0 分	2	
	试验环境检查与记录		温、湿度检查，2 分	2	
试样制备	试验前将样品风干，缩分至规定数量	20	缩分至规定数量，5 分；用四分法缩分，5 分	10	
	称量准确(精确至 1 g)		称量准确，10 分；一个未称量准确扣 1 分；扣满 10 分为止	10	
试验操作过程	摇筛试验	50	扣紧，5 分；时间设置正确，5 分	10	
	取下套筛，按筛孔由大到小顺序逐个用手筛，筛至每分钟通过量小于试样总量的 0.1％为止		两次试验，每级按规范进行手筛，每级筛至每分钟通过量小于试样总量 0.1％为止。一级未按以上要求试验扣 2 分；扣满 12 分为止	12	
	分计、累计筛余计算(分计筛余精确至 0.1％，累计筛余精确至 1％)		分计或累计筛余错误一处扣 1 分，扣满 12 分为止	12	
	筛余与筛底总量与筛前试样量比较		筛余与筛底总量与筛前试样质量之差不超过 1％，5 分	5	
	记录规范性		规范填写、更改，6 分；信息齐全，5 分；涂改扣，5 分	11	
文明卫生	试验仪器设备关闭及归位	16	归位，4 分；未归位一处扣 1 分	4	
	卫生清理		清理合格，4 分；未清理一处扣 1 分	4	
	工具摆放及样品处理		工具放回原处，石子放入集中回收地点，4 分；未做一项工作扣 1 分	4	
	试验中应注意的安全		试验中有安全隐患扣 4 分	4	

✲ 检查与记录

课程侧重																	
课程核心能力权重	A. 责任担当		B. 人文素养		C. 工程知识		D. 学习创新		E. 专业技能		F. 职业操守		G. 问题解决		H. 沟通合作		合计
	15%				15%		10%		15%		15%		15%		15%		100%
课程能力指标权重	A1	A2	B1	B2	C1	C2	D1	D2	E1	E2	F1	F2	G1	G2	H1	H2	合计

✲ 课后反思

反思内容	实际效果	改进设想
工作态度、团队合作意识、质量意识		
成果导向应用情况		
本课评分		

✲ 参考资料

石子压碎指标

7.2.12 粗骨料性能检测——针、片状颗粒含量

✲ 课程信息

1. 基本信息

学生姓名		课程地点		课程时间	
指导教师		哪些同学对我起到帮助	1.	2.	3.
课程项目	粗骨料性能检测——针、片状颗粒含量				

2. 学习目标

课程学习侧重点																	
课程核心能力权重	A. 责任担当		B. 人文素养		C. 工程知识		D. 学习创新		E. 专业技能		F. 职业操守		G. 问题解决		H. 沟通合作		合计
	15%				15%		10%		15%		15%		15%		15%		100%
课程能力指标权重	A1	A2	B1	B2	C1	C2	D1	D2	E1	E2	F1	F2	G1	G2	H1	H2	合计
	15%		15%		15%		10%				15%		15%		15%		100%
知识目标	(1)掌握针、片状颗粒含量的概念；(2)熟悉针、片状颗粒含量的影响因素																
能力目标	(1)能够掌握针、片状颗粒含量的检测步骤；(2)会进行结果分析与评价																
素质与思政目标	(1)养成科学严谨、诚实守信、团结协作的职业素养；(2)培养学生工程质量意识，坚守职业道德																

✲ 背景资料

河南某中学教学楼屋面发生局部坍塌。屋面局部倒塌后曾对设计进行审查，未发现任何问题。在对施工方面进行审查中发现以下问题：

(1)进深梁设计时为C20混凝土，施工时未留试块，事后鉴定其强度等级只是C7.5左右。这是由于骨料不合格导致。

(2)混凝土采用的水泥是当地生产的42.5级普通硅酸盐水泥，后经检验只达到32.5级，施工时当作42.5级水泥配制混凝土，导致混凝土的强度受到一定影响。

(3)在进深梁断口处上发现偏在一侧，梁的受拉1/3宽度内几乎没有钢筋，这种主筋布置使梁在屋盖荷载作用下处于弯、剪、扭受力状态，使梁的支承处作用有扭力矩。

✲ 课前活动

1. 讨论。

(1)什么是石子的针、片状颗粒？

____

____

(2)针、片状颗粒含量超过规定时会对混凝土产生什么影响？

____

____

2. 网络精品在线开放课程利用。

石子针片状颗粒含量试验

✲ 必备知识

1. 混凝土常用原材料组成

原材料种类	举例	考核结果	能力指标
水泥	通用硅酸盐水泥：硅酸盐水泥、普通硅酸盐水泥、矿渣硅酸盐水泥、复合硅酸盐水泥、粉煤灰硅酸盐水泥、火山灰质硅酸盐水泥		C1
掺合料	粉煤灰、矿粉、硅灰等		
骨料	粗骨料：石(卵石、碎石) 细骨料：砂(河砂、山砂、海砂)(天然砂、机制砂)		
水	拌合用水：饮用水、地下水、地表水		
外加剂	减水剂、引气剂、泵送剂、速凝剂、缓凝剂、防冻剂、防水剂、膨胀剂等		

2. 规范要求

《建设用卵石、碎石》(GB/T 14685—2022)中主要技术指标见表7-7。

表7-7　针、片状颗粒含量技术指标

类别	Ⅰ	Ⅱ	Ⅲ
针、片状颗粒总含量(按质量计)/%	≤5	≤8	≤15

3. 取样方法

(1)在料堆上取样时，取样部位应均匀分布。取样前先将取样部位表层铲除，然后从不同部位随机抽取大致等量的石子15份(在料堆的顶部、中部和底部均匀分布的15个不同部位取得)组成一组样品。

(2)从皮带运输机上取样时，应用接料器在皮带运输机机头的出料处用与皮带等宽的容器，全断面定时随机抽取大致等量的石子8份，组成一组样品。

(3)从火车、汽车、货船上取样时，从不同部位和深度抽取大致等量的石子16份，组成一组样品。

4. 取样数量

按表 6 规定取样，并将试样缩分至略大于表 7-8 规定的数量，烘干或风干后备用。

表 7-8　针、片状颗粒含量所需试样数量

最大粒径/mm	9.5	16.0	19.0	26.5	31.5	≥37.5
最少试样质量/kg	0.3	1.0	2.0	3.0	5.0	10.0

5. 试样处理

根据试样的最大粒径，称取按表 7-8 的规定数量试样一份，精确到 1 g。然后按表 7 规定的粒级按颗粒级配试验规定进行筛分。

按表 7-9 规定的粒级分别用规准仪逐粒检验，凡颗粒长度大于针状规准仪上相应间距者，为针状颗粒；颗粒厚度小于片状规准仪上相应孔宽者，为片状颗粒。称出其总质量，精确至 1 g。

石子粒径大于 37.5 mm 的碎石或卵石可用卡尺检验针、片状颗粒，卡尺卡口的设定宽度应符合表 7-10 的规定。

表 7-9　针、片状颗粒含量试验的粒级划分及其相应的规准仪孔宽或间距　　mm

粒级	4.75～9.50	9.50～16.0	16.0～19.0	19.0～26.5	26.5～31.5	31.5～37.5
片状规准仪相对应孔宽	2.8	5.1	7.0	9.1	11.6	13.8
针状规准仪相对应间距	17.1	30.6	42.0	54.6	69.6	82.8

表 7-10　粒级大于 37.5 mm 颗粒针片状含量试验的粒级划分及其相应的卡尺卡口设定宽度

mm

石子粒级	37.5～53.0	53.0～63.0	63.0～75.0	75.0～90.0
检验片状颗粒的卡尺卡口设定宽度	18.1	23.2	27.6	33.0
检验针片状颗粒的卡尺卡口设定宽度	108.6	139.2	165.6	198.0

6. 针、片状颗粒含量试验(GB/T 14685－2022)

(1)原理。

1)针状颗粒：凡长度大于所属粒级平均粒径 2.4 倍的颗粒(表 7-9)；

2)片状颗粒：凡厚度小于所属粒级平均粒径 0.4 倍的颗粒(表 7-9)。

按针、片状颗粒的定义制造针状规准仪(图 7-6)与片状规准仪(图 7-7)。试验时，先将石子筛分分级(表 7-9、表 7-10)，然后用针状规准仪、片状规准仪对每级石子进行挑选。每级石子中长度大于针状规准仪相应间距的颗粒为针状颗粒，厚度小于片状规准仪相应孔宽的颗粒为片状颗粒。粒级大于 40 mm 的石子，直接用卡尺进行挑选(表 7-10)。石子中的针、片状颗粒的总量占石子量的百分率即针状和片状颗粒含量。

(2)仪器设备。本试验用仪器设备如下：

1)针状规准仪与片状规准仪(图 7-6、图 7-7);

2)天平：称量 10 kg，感量 1 g;

3)方孔筛：孔径为 4.75 mm、9.50 mm、16.0 mm、26.5 mm、31.5 mm 及 37.5 mm的筛各一个。

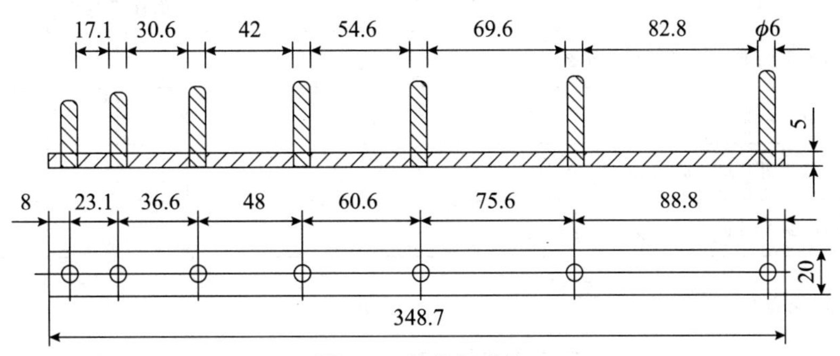

图 7-6　针状规准仪

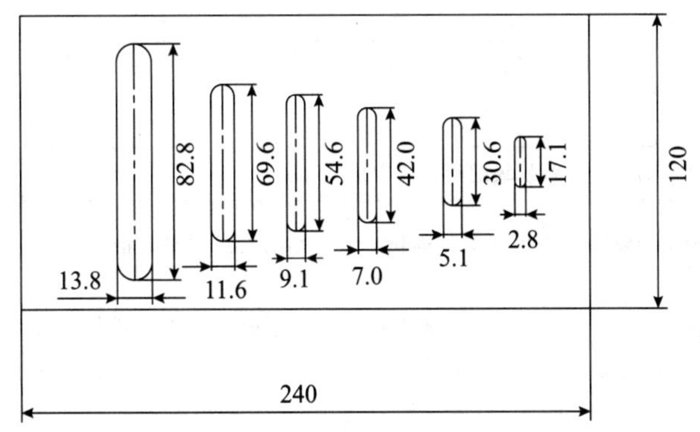

图 7-7　片状规准仪

✲ 课程实施

教学阶段	教学流程	教师核查	改进核查	能力指标
1. 试验前准备工作	(1)天平调平、校准、零点校核			F1
	(2)检查试验筛			F1
	(3)摇筛机开机运转检查			F1
	(4)试验环境检查与记录			F1
阶段性小结				
2. 试样制备	按表7-8规定取样，并将试样缩分至略大于表7-8规定的数量，烘干或风干后备用			E1、G1
阶段性小结				
3. 开始试验	(1)按表7-9规定的粒级按颗粒级配筛分要求进行筛分			E1、G1、H1
	(2)按表7-9规定的粒级分别用规准仪逐粒检验，称出其总质量，精确至1 g。 (3)石子粒径大于37.5 mm的碎石或卵石可用卡尺检验针、片状颗粒，卡尺卡口的设定宽度应符合表7-10的规定			E1、G1、H1
阶段性小结				
4. 试验结果处理及结束工作	计算各粒级试样中针片状颗粒含量。按以下公式计算： $$Q_e=\frac{G_{i1}}{G_{i0}}\times 100\%$$ 式中 Q_e——i号粒级试样中针片状颗粒含量(%)； G_{i1}——i号粒级筛上的试样质量(g)； G_{i0}——i号粒级筛上试样中所含针、片状颗粒的总质量(g)			F1、H1
	(3)计算骨料中针、片状颗粒总含量			F1、H1
	(4)数据处理			F1
	(5)清理、归位、关机，完善仪器设备运行记录			F1
阶段性小结				

试验记录　石子针状和片状颗粒含量试验

试验日期：　　　　　　　　室内温度：　　　　　　　　相对湿度：

石子来源：	石子种类：	试样状态：
执行标准：		
石子试样质量 G_0/g	针、片状颗粒质量 G_1/g	针、片状颗粒含量 Q/%
备注：$Q=(G_1 \div G_0)\times 100\%$		
试验结果分析：		

❋ 完成质量

1+X土木工程混凝土材料检测技能等级证书考核标准。

考核评分记录表

技能要素	技术要求	配分	评分标准	量化分值	得分
试验仪器设备准备及校准	天平开机校准	14	天平校准，2分；调平，2分；归零，2分	6	
	试验筛检查		筛网杂物检查及清除，2分；未检查清除，0分；套筛顺序检查，2分；未检查，0分	4	
	摇筛机开机运转检查		是否进行试验前通电运转：是，2分；否，0分	2	
	试验环境检查与记录		温、湿度检查，2分	2	
试样制备	试验前将样品风干，缩分至规定数量	20	缩分至规定数量，5分；用四分法缩分，5分	10	
	称量准确(精确至1 g)		称量准确，10分；一个未称量准确扣1分；扣满10分为止	10	
试验操作过程	摇筛试验	50	扣紧，5分；时间设置正确，5分	10	
	取下套筛，按筛孔由大到小顺序逐个用手筛，筛至每分钟通过量小于试样总量的0.1%为止		两次试验，每级按规范进行手筛，每级筛至每分钟通过量小于试样总量0.1%为止。一级未按以上要求试验扣2分，扣满12分为止	12	
	分计、累计筛余计算(分计筛余精确至0.1%，累计筛余精确至1%)		分计或累计筛余错误一处扣1分，扣满12分为止	12	
	筛余与筛底总量与筛前试样量比较		筛余与筛底总量与筛前试样质量之差不超过1%，5分	5	
	记录规范性		规范填写、更改，6分，信息齐全，5分。涂改扣5分	11	

续表

技能要素	技术要求	配分	评分标准	量化分值	得分
文明卫生	试验仪器设备关闭及归位	16	归位，4分；未归位一处扣1分	4	
	卫生清理		清理合格，4分；未清理一处扣1分	4	
	工具摆放及样品处理		工具放回原处，石子放入集中回收地点4分；未做一项工作扣1分	4	
	试验中应注意的安全		试验中有安全隐患扣4分	4	

✲ 检查与记录

<table>
<tr><td colspan="18">课程侧重</td></tr>
<tr><td rowspan="2">课程核心能力权重</td><td colspan="2">A. 责任担当</td><td colspan="2">B. 人文素养</td><td colspan="2">C. 工程知识</td><td colspan="2">D. 学习创新</td><td colspan="2">E. 专业技能</td><td colspan="2">F. 职业操守</td><td colspan="2">G. 问题解决</td><td colspan="2">H. 沟通合作</td><td>合计</td></tr>
<tr><td colspan="2">15%</td><td colspan="2"></td><td colspan="2">15%</td><td colspan="2">10%</td><td colspan="2">15%</td><td colspan="2">15%</td><td colspan="2">15%</td><td colspan="2">15%</td><td>100%</td></tr>
<tr><td rowspan="5">课程能力指标权重</td><td>A1</td><td>A2</td><td>B1</td><td>B2</td><td>C1</td><td>C2</td><td>D1</td><td>D2</td><td>E1</td><td>E2</td><td>F1</td><td>F2</td><td>G1</td><td>G2</td><td>H1</td><td>H2</td><td>合计</td></tr>
<tr><td></td><td></td><td></td><td></td><td></td><td></td><td></td><td></td><td></td><td></td><td></td><td></td><td></td><td></td><td></td><td></td><td></td></tr>
<tr><td></td><td></td><td></td><td></td><td></td><td></td><td></td><td></td><td></td><td></td><td></td><td></td><td></td><td></td><td></td><td></td><td></td></tr>
<tr><td></td><td></td><td></td><td></td><td></td><td></td><td></td><td></td><td></td><td></td><td></td><td></td><td></td><td></td><td></td><td></td><td></td></tr>
<tr><td></td><td></td><td></td><td></td><td></td><td></td><td></td><td></td><td></td><td></td><td></td><td></td><td></td><td></td><td></td><td></td><td></td></tr>
</table>

✲ 课后反思

反思内容	实际效果	改进设想
工作态度、团队合作意识、质量意识		
成果导向应用情况		
本课评分		

✲ 参考资料

建设用卵碎石的压碎指标试验

7.2.13　细骨料性能检测——砂料表观密度试验

✲ 课程信息

1. 基本信息

学生姓名		课程地点		课程时间	
指导教师		哪些同学对我起到帮助	1.	2.	3.
课程项目	细骨料性能检测——砂料表观密度试验				

2. 学习目标

课程学习侧重点																	
课程核心能力权重	A. 责任担当		B. 人文素养		C. 工程知识		D. 学习创新		E. 专业技能		F. 职业操守		G. 问题解决		H. 沟通合作		合计
	15%				15%		10%		15%		15%		15%		15%		100%
课程能力指标权重	A1	A2	B1	B2	C1	C2	D1	D2	E1	E2	F1	F2	G1	G2	H1	H2	合计
	15%		15%		15%		10%				15%		15%		15%		100%
知识目标	(1)掌握砂料表观密度的概念；(2)熟悉砂料表观密度的影响因素																
能力目标	(1)能够掌握砂料表观密度的检测步骤；(2)会进行结果分析与评价																
素质与思政目标	(1)培养学生诚实做人、诚信做事的职业道德；(2)培养学生的劳动精神、团结协作精神																

✲ 背景资料

某高层住宅楼于2008年10月15日开工建设，地下室框架柱，剪力墙的混凝土设计强度为C40，浇筑后发现地下室框架柱/剪力墙留置的7组试件中有5组仅达到设计强度的71%～82%，混凝土评定为不合格。对地下室结构随机抽取了53个构件进行检测，发现混凝土构件强度平均为32.7 MPa。经认真分析调查，认为可能存在的原因有混凝土生产用的原材料质量不合格；误用了低强度混凝土；混凝土配合比不严格；外加剂使用不当；计量不准确。需要对砂子品质进行检验，核对是否满足设计和原材料质量要求，工程所用砂子为当地的河砂，取样地点为施工现场。

✲ 课前活动

1. 讨论。

(1)混凝土骨料的作用有哪些？

____

____

(2)普通混凝土的组成材料有哪些?

____

____

(3)细骨料主要的性能指标有哪些?

____

____

2. 网络精品在线开放课程利用。

建设用砂的表观密度试验

✻ 必备知识

1. 混凝土常用原材料组成

原材料种类	举例	考核结果	能力指标
水泥	通用硅酸盐水泥：硅酸盐水泥、普通硅酸盐水泥、矿渣硅酸盐水泥、复合硅酸盐水泥、粉煤灰硅酸盐水泥、火山灰质硅酸盐水泥		C1
掺合料	粉煤灰、矿粉、硅灰等		
骨料	粗骨料：石(卵石、碎石) 细骨料：砂(河砂、山砂、海砂)(天然砂、机制砂)		
水	拌合用水：饮用水、地下水、地表水		
外加剂	减水剂、引气剂、泵送剂、速凝剂、缓凝剂、防冻剂、防水剂、膨胀剂等		

2. 使用规范(GB/T 14684—2022)

砂表观密度、松散堆积密度应符合如下规定：表观密度不小于2 500 kg/m^3；松散堆积密度不小于1 400 kg/m^3；空隙率不大于44%。

当需求方要求时，需出示膨胀率实测值和碱活性评定结果。

对于含水率和饱和面干吸水率，当用户有要求时，应报告其实测值。

3. 取样方法

本试验执行标准：《普通混凝土用砂、石质量及检验方法标准》(JGJ 52—2006)。

(1)分批方法：骨料取样应按批取样，在料堆上取样一般以400 m^3 或600 t为一批。

(2)抽取试样：在料堆上取样时，取样部位应均匀分布。取样前先将取样部位表层铲除，然后由各部位抽取大致相等的砂8份组成一组样品。

(3)取样数量：对于每单项要检验项目，砂每组样品取样数量应满足表7-11、表7-12的规定，当需要多项检验时，可在确定样品经一项试验后不致影响其他试验结果的前提下，用同组样品进行多项不同试验。

(4)样品的缩分：砂的样品缩分方法，可选择下列两种方法之一：

1)用分料器缩分：先将样品在潮湿状态下拌和均匀，然后将其通过分料器，留下两个接料斗中的一份，并将另一份再次通过分流器。重复上述过程，直至把样品缩分到试验所需量为止。

2)人工四分法缩分：先将样品置于平板上，在潮湿状态下拌和均匀，并堆成厚度约为20 mm的“圆饼”状；然后，沿互相垂直的两条直径把“圆饼”分成大致相等的四份，取其对角的两部重新拌匀，再堆成“圆饼”状。重复上述过程，直至把样品缩分至试验所需量为止。

砂的含水率、堆积密度、紧密密度检验所用的试样，可不经缩分，拌匀后直接进行试验。

表 7-11　每一单项检验项目所需砂的最少取样质量

检验项目	最少取样质量/g
筛分析	4 400
表观密度	2 600
吸水率	4 000
紧密密度和堆积密度	5 000
含水率	1 000
含泥量	4 400
泥块含量	20 000
石粉含量	1 600
人工砂压碎值指标	分成公称粒级： 4.75～2.36 mm；2.36～1.18 mm；1.18 mm～600 μm；600～300 μm；300～150 μm 每个粒级各需 1 000 g
有机物含量	2 000
云母含量	600
轻物质含量	3 200
坚固性	分成公称粒级： 4.75～2.36 mm；2.36～1.18 mm；1.18 mm～600 μm；600～300 μm；300～150 μm 每个粒级各需 1 000 g
硫化物及硫酸盐含量	50
氯离子含量	2 000
贝壳含量	10 000
碱活性	20 000

表 7-12　单项试验取样数量

序号	试验项目	最少取样数量/kg
1	颗粒级配	4.4
2	含泥量	4.4

续表

序号	试验项目		最少取样数量/kg
3	泥块含量		20.0
4	石粉含量		6.0
5	云母含量		0.6
6	轻物质含量		3.2
7	有机物含量		2.0
8	硫化物与硫酸盐含量		0.6
9	氯化物含量		4.4
10	贝壳含量		9.6
11	坚固性	天然砂	8.0
		机制砂	20.0
12	表观密度		2.6
13	松散堆积密度与空隙率		5.0
14	碱集料反应		20.0
15	放射性		6.0
16	饱和面干吸水率		4.4

4. 表观密度试验(GB/T 1346—2011)

(1)原理。采用排水法测定砂的体积，以计算其表观密度。由于水不能将砂内部封闭的孔隙排除，测得的体积为实体体积与内部封闭孔隙体积之和(不包括开口孔体积)。因砂内部封闭孔隙少，排水法测得的体积为实体体积的近似值，得到的密度称为表观密度(视密度)。砂的表观密度在混凝土配合比设计时已满足混凝土填充包裹要求。

(2)仪器设备。

1)天平：称量 1 000 g，感量 0.5 g。

2)容量瓶：1 000 mL。

3)烘箱：控制温度 105 ℃±5 ℃。

4)5 mm 标准筛。

5)温度计、毛刷、搪瓷盘等。

(3)不同水温对砂表观密度影响的修正系数见表 7-13。

表 7-13　不同水温对砂的表现密度影响的修正系数

水温/℃	15	16	17	18	19	20	21	22	23	24	25
a_t	0.002	0.003	0.003	0.004	0.004	0.005	0.005	0.006	0.006	0.007	0.008

❊ 课程实施

教学阶段	教学流程	学习成果	教师核查	能力指标
1. 试验前准备工作	(1)查看仪器设备			F1
	(2)天平调平、校准、零点校核			F1
	(3)查看室温并记录			F1
阶段性小结				
2. 试样制备	将砂料通过 5 mm 筛，用四分法缩取不少于 650 g 试样，在 105 ℃±5 ℃的烘箱中烘干至恒重，然后冷却至室温，混匀后分成大致相等的两份备用			E1、G1
阶段性小结				
3. 开始试验	(1)称取烘干试样 300 g(G_0)，装入盛有半瓶水的容量瓶中			E1、G1、H1
	(2)摇动容量瓶，使试样在水中充分搅动以排除气泡，塞紧瓶塞，静置 24 h。然后用滴管加水至瓶颈刻线处，再塞紧瓶塞，擦干瓶外水分，称其质量(G_1)			E1、G1、H1
	(3)倒出瓶中的水和试样，清洗瓶内外，再往瓶内注入与上项水温相差不超过 20 ℃的水至瓶颈刻度线，塞紧瓶塞，擦干瓶外水分，称其质量(G_2)			E1、G1、H1
	(4)量取水的温度			E1、G1、H1
阶段性小结				
4. 试验结果处理及结束工作	(1)结果计算： $\rho_s=[G_0/(G_0+G_2-G_1)-a_t]\times 1\,000$ 式中 ρ_s——砂的表观密度(kg/m^3)； a_t——水温对砂表观密度影响修正系数			F1、H1
	(2)砂的表观密度试验应做两次，平行进行，取两次试验结果的平均值作为砂的表观密度；若两次试验结果之差的绝对值大于 20 kg/m^3，应重做试验			F1、H1
	(3)清理、归位、关机，完善仪器设备运行记录			F1
阶段性小结				

❊ 完成质量

1+X 土木工程混凝土材料检测技能等级证书考核标准。

考核评分记录表

技能要素	技术要求	配分	评分标准	量化分值	得分
试验仪器设备准备及校准	天平开机校准	14	天平校准，2分；调平，2分；归零，2分	6	
	试验筛检查		筛网杂物检查及清除，2分；未检查清除，0分；套筛顺序检查，2分；未检查，0分	4	
	摇筛机开机运转检查		是否进行试验前通电运转：是，2分；否，0分	2	
	试验环境检查与记录		温、湿度检查，2分	2	
试样制备	试验前将样品风干，缩分至规定数量	20	缩分至规定数量，5分；用四分法缩分，5分	10	
	称量准确(精确至1 g)		称量准确，10分；一个未称量准确扣，1分；扣满10分为止	10	
试验操作过程	摇筛试验	50	扣紧5分；时间设置正确，5分	10	
	取下套筛，按筛孔由大到小顺序逐个用手筛，筛至每分钟通过量小于试样总量的0.1%为止		两次试验，每级按规范进行手筛，每级筛至每分钟通过量小于试样总量0.1%为止。一级未按以上要求试验扣2分，扣满12分为止	12	
	分计、累计筛余计算(分计筛余精确至0.1%，累计筛余精确至1%)		分计或累计筛余错误一处扣1分，扣满12分为止	12	
	筛余与筛底总量与筛前试样量比较		筛余与筛底总量与筛前试样质量之差不超过1%，5分	5	
	记录规范性		规范填写、更改，6分；信息齐全，5分；涂改扣5分	11	
文明卫生	试验仪器设备关闭及归位	16	归位，4分；未归位一处扣1分	4	
	卫生清理		清理合格，4分；未清理一处扣1分	4	
	工具摆放及样品处理		工具放回原处，石子放入集中回收地点，4分；未做一项工作扣1分	4	
	试验中应注意的安全		试验中有安全隐患扣4分	4	

✲ 检查与记录

课程侧重																	
课程核心能力权重	A. 责任担当		B. 人文素养		C. 工程知识		D. 学习创新		E. 专业技能		F. 职业操守		G. 问题解决		H. 沟通合作		合计
	15%				15%		10%		15%		15%		15%		15%		100%
课程能力指标权重	A1	A2	B1	B2	C1	C2	D1	D2	E1	E2	F1	F2	G1	G2	H1	H2	合计

✲ 课后反思

反思内容	实际效果	改进设想
工作态度、团队合作意识、质量意识		
成果导向应用情况		
本课评分		

✲ 参考资料

砂表观密度

7.2.14 细骨料性能检测——砂料堆积密度试验

✲ 课程信息

1. 基本信息

学生姓名		课程地点		课程时间	
指导教师		哪些同学对我起到帮助	1.	2.	3.
课程项目	细骨料性能检测——砂料堆积密度试验				

2. 学习目标

课程学习侧重点																	
课程核心能力权重	A. 责任担当		B. 人文素养		C. 工程知识		D. 学习创新		E. 专业技能		F. 职业操守		G. 问题解决		H. 沟通合作		合计
	15%				15%		10%		15%		15%		15%		15%		100%
课程能力指标权重	A1	A2	B1	B2	C1	C2	D1	D2	E1	E2	F1	F2	G1	G2	H1	H2	合计
	15%		15%		15%		10%				15%		15%		15%		100%
知识目标	(1)掌握砂料堆积密度的概念；(2)熟悉砂料堆积密度的影响因素																
能力目标	(1)能够掌握砂料堆积密度的检测步骤；(2)会进行结果分析与评价																
素质与思政目标	(1)培养学生依法依规进行操作的法律、法规意识；(2)能够进行有效的沟通和交流，具备团队合作意识																

✲ 背景资料

某高层住宅楼于2008年10月15日开工建设，地下室框架柱，剪力墙的混凝土设计强度为C40，浇筑后发现地下室框架柱/剪力墙留置的7组试件中有5组仅达到设计强度的71%～82%，混凝土评定为不合格。对地下室结构随机抽取了53个构件进行检测，发现混凝土构件强度平均为32.7 MPa。经认真分析调查，认为可能存在的原因有混凝土生产用的原材料质量不合格；误用了低强度混凝土；混凝土配合比不严格；外加剂使用不当；计量不准确。需要对砂子品质进行检验，核对是否满足设计和原材料质量要求，工程所用砂子为当地的河砂，取样地点为施工现场。

✲ 课前活动

1. 讨论。

(1)混凝土骨料的作用有哪些？

(2)普通混凝土的组成材料有哪些？

______

______

(3)细骨料主要的性能指标有哪些？

______

______

2. 网络精品在线开放课程利用。

细骨料堆积密度试验

❊ 必备知识

1. 混凝土常用原材料组成

原材料种类	举例	考核结果	能力指标
水泥	通用硅酸盐水泥：硅酸盐水泥、普通硅酸盐水泥、矿渣硅酸盐水泥、复合硅酸盐水泥、粉煤灰硅酸盐水泥、火山灰质硅酸盐水泥		C1
掺合料	粉煤灰、矿粉、硅灰等		
骨料	粗骨料：石(卵石、碎石) 细骨料：砂(河砂、山砂、海砂)(天然砂、机制砂)		
水	拌和用水：饮用水、地下水、地表水		
外加剂	减水剂、引气剂、泵送剂、速凝剂、缓凝剂、防冻剂、防水剂、膨胀剂等		

2. 使用规范(GB/T 14684－2022)

先将样品置于平板上，在潮湿状态下拌和均匀，并堆成厚度约为 20 mm 的“圆饼”状，然后沿互相垂直的两条直径将“圆饼”分成大致相等的四份，取其对角的两份重新拌匀，再堆成“圆饼”状。重复上述过程，直到把样品缩分后的材料量略多于进行试验所需量为止。

3. 取样方法

本试验执行标准：《普通混凝土用砂、石质量及检验方法标准》(JGJ 52－2006)。

4. 堆积密度试验(GB/T 1346－2011)

(1)原理。按砂的(松散)堆积密度、(松散)空隙率的定义进行测定与计算，是确定低塑性混凝土、塑性混凝土、流动性混凝土、大流动性混凝土灰浆用量(用“灰浆富裕系数”表示)或砂率的重要依据。

(2)仪器设备。

1)天平(称量 5 kg，感量 1 g)。

2)容量筒(容积约为 1 L 的金属圆筒)。

3)下料漏斗(图 7-8)。

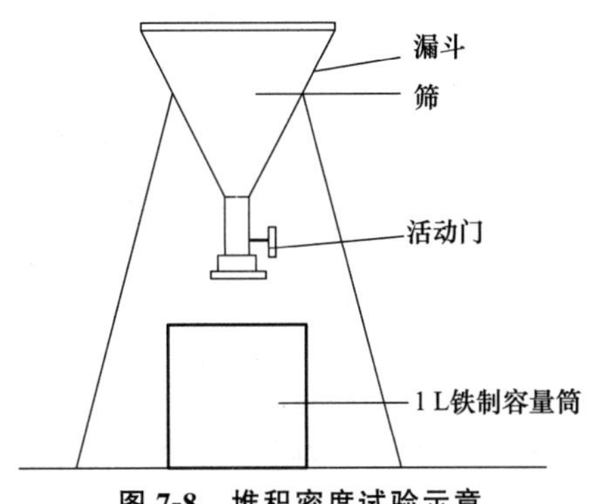

图 7-8　堆积密度试验示意

4)烘箱：控制温度 105 ℃±5 ℃。

5)直尺、浅搪瓷盘等。

(3)容量筒容积的校正方法。先称取容量筒和玻璃板的总质量，将 20 ℃±2 ℃的自来水装满容量筒，用玻璃板沿桶口推移使其紧贴水面，盖住筒口(玻璃板和水面不得带有气泡)，擦干筒外壁的水，然后称其质量。

✲ 课程实施

教学阶段	教学流程	学习成果	教师核查	能力指标
1. 试验前准备工作	(1)制备 20 ℃±2 ℃的自来水			F1
	(2)天平调平、校准、零点校核			F1
	(3)检查漏斗			F1
阶段性小结				
2. 试样制备	用浅盘装砂样 10 kg，在温度 105 ℃±5 ℃的烘箱中烘至质量恒定，取出并冷却至室温，分成大致相等两份备用。注：试样烘干后如有结块，应在试验前先捏碎			E1、G1
阶段性小结				
3. 开始试验	(1)称出容量筒质量 G_1			E1、G1、H1
	(2)取试样一份，装入漏斗中，将容量筒置于漏斗中心轴线下，打开漏斗活动闸门，让砂样从漏斗口(高于容量筒顶面 5 cm)落入容量筒，直至砂样装满容量筒落并超出筒口时为止。用直尺沿筒口中心线向两侧轻轻刮平。称容量筒与试样总重 G_2			E1、G1、H1
阶段性小结				
4. 试验结果处理及结束工作	(1)结果计算：松散堆积密度 $\rho_0=\dfrac{G_2-G_1}{V}\times 1\,000$(准确至 10 kg/m^3)			F1、H1
	(2)取另一份试样再做一次试验，以两次试验结果的平均值作为结果			F1、H1
	(3)清理、归位、关机，完善仪器设备运行记录			F1
阶段性小结				

✲ 完成质量

1+X 土木工程混凝土材料检测技能等级证书考核标准。

考核评分记录表

<table>
<tr><th>技能要素</th><th>技术要求</th><th>配分</th><th>评分标准</th><th>量化分值</th><th>得分</th></tr>
<tr><td rowspan="4">试验仪器设备准备及校准</td><td>天平开机校准</td><td rowspan="4">14</td><td>天平校准，2 分；调平，2 分；归零，2 分</td><td>6</td><td></td></tr>
<tr><td>试验筛检查</td><td>筛网杂物检查及清除，2 分；未检查清除，0 分；套筛顺序检查，2 分；未检查，0 分</td><td>4</td><td></td></tr>
<tr><td>摇筛机开机运转检查</td><td>是否进行试验前通电运转：是，2 分；否，0 分</td><td>2</td><td></td></tr>
<tr><td>试验环境检查与记录</td><td>温湿度检查，2 分</td><td>2</td><td></td></tr>
<tr><td rowspan="2">试样制备</td><td>试验前将样品风干，缩分至规定数量</td><td rowspan="2">20</td><td>缩分至规定数量，5 分；用四分法缩分，5 分</td><td>10</td><td></td></tr>
<tr><td>称量准确(精确至 1 g)</td><td>称量准确，10 分；一个未称量准确扣 1 分；扣满 10 分为止</td><td>10</td><td></td></tr>
<tr><td rowspan="5">试验操作过程</td><td>摇筛试验</td><td rowspan="5">50</td><td>扣紧，5 分；时间设置正确，5 分</td><td>10</td><td></td></tr>
<tr><td>取下套筛，按筛孔由大到小顺序逐个用手筛，筛至每分钟通过量小于试样总量的 0.1%为止</td><td>两次试验，每级按规范进行手筛，每级筛至每分钟通过量小于试样总量 0.1%为止。一级未按以上要求试验扣 2 分，扣满 12 分为止</td><td>12</td><td></td></tr>
<tr><td>分计、累计筛余计算(分计筛余精确至 0.1%，累计筛余精确至 1%)</td><td>分计或累计筛余错误一处扣 1 分，扣满 12 分为止</td><td>12</td><td></td></tr>
<tr><td>筛余与筛底总量与筛前试样量比较</td><td>筛余与筛底总量与筛前试样质量之差不超过 1%，5 分</td><td>5</td><td></td></tr>
<tr><td>记录规范性</td><td>规范填写、更改，6 分；信息齐全，5 分；涂改扣 5 分</td><td>11</td><td></td></tr>
<tr><td rowspan="4">文明卫生</td><td>试验仪器设备关闭及归位</td><td rowspan="4">16</td><td>归位，4 分；未归位一处扣 1 分</td><td>4</td><td></td></tr>
<tr><td>卫生清理</td><td>清理合格，4 分；未清理一处扣 1 分</td><td>4</td><td></td></tr>
<tr><td>工具摆放及样品处理</td><td>工具放回原处，石子放入集中回收地点，4 分；未做一项工作扣 1 分</td><td>4</td><td></td></tr>
<tr><td>试验中应注意的安全</td><td>试验中有安全隐患扣 4 分</td><td>4</td><td></td></tr>
</table>

✻ 检查与记录

课程侧重																	
课程核心能力权重	A. 责任担当		B. 人文素养		C. 工程知识		D. 学习创新		E. 专业技能		F. 职业操守		G. 问题解决		H. 沟通合作		合计
	15%				15%		10%		15%		15%		15%		15%		100%
课程能力指标权重	A1	A2	B1	B2	C1	C2	D1	D2	E1	E2	F1	F2	G1	G2	H1	H2	合计

✻ 课后反思

反思内容	实际效果	改进设想
工作态度、团队合作意识、质量意识		
成果导向应用情况		
本课评分		

7.2.15 细骨料性能检测——砂料含水率试验

✲ 课程信息

1. 基本信息

学生姓名		课程地点		课程时间	
指导教师		哪些同学对我起到帮助	1.	2.	3.
课程项目	细骨料性能检测——砂料含水率试验				

2. 学习目标

课程学习侧重点																	
课程核心能力权重	A. 责任担当		B. 人文素养		C. 工程知识		D. 学习创新		E. 专业技能		F. 职业操守		G. 问题解决		H. 沟通合作		合计
	15%				15%		10%		15%		15%		15%		15%		100%
课程能力指标权重	A1	A2	B1	B2	C1	C2	D1	D2	E1	E2	F1	F2	G1	G2	H1	H2	合计
	15%		15%		15%		10%				15%		15%		15%		100%
知识目标	(1)掌握砂料含水率的概念;(2)熟悉砂料含水率的影响因素																
能力目标	(1)能够掌握砂料含水率的检测步骤;(2)会进行结果分析与评价																
素质与思政目标	(1)养成严谨求实的工作态度;(2)培养学生科学严谨、诚实守信、团结协作的职业素养																

✲ 背景资料

某高层住宅楼于2008年10月15日开工建设，地下室框架柱，剪力墙的混凝土设计强度为C40，浇筑后发现地下室框架柱/剪力墙留置的7组试件中有5组仅达到设计强度的71%~82%，混凝土评定为不合格。对地下室结构随机抽取了53个构件进行检测，发现混凝土构件强度平均为32.7 MPa。经认真分析调查，认为可能存在的原因有混凝土生产用的原材料质量不合格；误用了低强度混凝土；混凝土配合比不严格；外加剂使用不当；计量不准确。需要对砂子品质进行检验，核对是否满足设计和原材料质量要求，工程所用砂子为当地的河砂，取样地点为施工现场。

✲ 课前活动

1. 讨论。

(1)砂料的物理性质一般有哪些?

____

____

(2)什么是材料质量吸水率？

---

(3)砂按技术要求分为哪三类？

---

2. 网络精品在线开放课程利用。

细集料含水率试验

✲ 必备知识

1. 混凝土常用原材料组成

原材料种类	举例	考核结果	能力指标
水泥	通用硅酸盐水泥：硅酸盐水泥、普通硅酸盐水泥、矿渣硅酸盐水泥、复合硅酸盐水泥、粉煤灰硅酸盐水泥、火山灰质硅酸盐水泥		C1
掺合料	粉煤灰、矿粉、硅灰等		
骨料	粗骨料：石(卵石、碎石) 细骨料：砂(河砂、山砂、海砂)(天然砂、机制砂)		
水	拌合用水：饮用水、地下水、地表水		
外加剂	减水剂、引气剂、泵送剂、速凝剂、缓凝剂、防冻剂、防水剂、膨胀剂等		

2. 使用规范

《建设用砂》(GB/T 14684—2022)。

3. 取样方法

本试验执行标准：《普通混凝土用砂、石质量及检验方法标准》(JGJ 52—2006)。

4. 砂含水率试验

(1)原理。按砂含水率的定义(砂所含水质量占干砂质量的百分率)进行试验。

(2)仪器设备

1)天平：称量1 000 g，感量1 g。

2)烘箱：控制温度105 ℃±5 ℃

3)毛刷、浅盘等。

❋ 课程实施

教学阶段	教学流程	学习成果	教师核查	能力指标
1. 试验前准备工作	(1)天平调平、校准、零点校核			F1
	(2)检查试验设备			F1
阶段性小结				
2. 试样制备	砂按规定取样后用四分法缩分至试样不少于1 100 g，混匀后分成大致相等的两份备用			E1、G1
阶段性小结				
3. 开始试验	(1)称取烘干的砂样500 g(G_1)两份备用			E1、G1、H1
	(2)将500 g试样装入浅盘中			E1、G1、H1
	(3)将浅盘连同试样一并送入烘箱中烘干，取出冷却至室温			E1、G1、H1
	(4)称烘干试样质量记为G_2			E1、G1、H1
阶段性小结				
4. 试验结果处理及结束工作	(1)砂的含水率$m_1=(G_1-G_2)/G_2\times100\%$(准确至0.1%)			F1、H1
	(2)以两个试样试验结果的算术平均值作为测定值。若两次结果之差大于0.5%，试验应重做			F1、H1
	(3)清理、归位、关机，完善仪器设备运行记录			F1、H1
阶段性小结				

❋ 完成质量

1+X土木工程混凝土材料检测技能等级证书考核标准。

考核评分记录表

技能要素	技术要求	配分	评分标准	量化分值	得分
试验仪器设备准备及校准	天平开机校准	14	天平校准，2分；调平，2分；归零，2分	6	
	试验筛检查		筛网杂物检查及清除，2分；未检查清除，0分；套筛顺序检查2分，未检查，0分	4	
	摇筛机开机运转检查		是否进行试验前通电运转：是，2分，否，0分	2	
	试验环境检查与记录		温、湿度检查，2分	2	
试样制备	试验前将样品风干，缩分至规定数量	20	缩分至规定数量，5分；用四分法缩分，5分	10	
	称量准确(精确至1 g)		称量准确，10分；一个未称量准确扣1分，满10分为止	10	
试验操作过程	摇筛试验	50	扣紧，5分；时间设置正确，5分	10	
	取下套筛，按筛孔由大到小顺序逐个用手筛，筛至每分钟通过量小于试样总量的0.1%为止		两次试验，每级按规范进行手筛，每级筛至每分钟通过量小于试样总量0.1%为止。一级未按以上要求试验扣2分，扣满12分为止	12	
	分计、累计筛余计算(分计筛余精确至0.1%，累计筛余精确至1%)		分计或累计筛余错误一处扣1分，扣满12分为止	12	
	筛余与筛底总量与筛前试样量比较		筛余与筛底总量与筛前试样质量之差不超过1%，5分	5	
	记录规范性		规范填写、更改，6分；信息齐全，5分；涂改扣5分	11	
文明卫生	试验仪器设备关闭及归位	16	归位，4分；未归位一处扣1分	4	
	卫生清理		清理合格，4分；未清理一处扣1分	4	
	工具摆放及样品处理		工具放回原处，石子放入集中回收地点，4分；未做一项工作扣1分	4	
	试验中应注意的安全		试验中有安全隐患扣4分	4	

❋ 检查与记录

<table>
<tr><td colspan="18">课程侧重</td></tr>
<tr><td rowspan="2">课程核心能力权重</td><td colspan="2">A. 责任担当</td><td colspan="2">B. 人文素养</td><td colspan="2">C. 工程知识</td><td colspan="2">D. 学习创新</td><td colspan="2">E. 专业技能</td><td colspan="2">F. 职业操守</td><td colspan="2">G. 问题解决</td><td colspan="2">H. 沟通合作</td><td>合计</td></tr>
<tr><td colspan="2">15%</td><td colspan="2"></td><td colspan="2">15%</td><td colspan="2">10%</td><td colspan="2">15%</td><td colspan="2">15%</td><td colspan="2">15%</td><td colspan="2">15%</td><td>100%</td></tr>
<tr><td rowspan="5">课程能力指标权重</td><td>A1</td><td>A2</td><td>B1</td><td>B2</td><td>C1</td><td>C2</td><td>D1</td><td>D2</td><td>E1</td><td>E2</td><td>F1</td><td>F2</td><td>G1</td><td>G2</td><td>H1</td><td>H2</td><td>合计</td></tr>
<tr><td></td><td></td><td></td><td></td><td></td><td></td><td></td><td></td><td></td><td></td><td></td><td></td><td></td><td></td><td></td><td></td><td></td></tr>
<tr><td></td><td></td><td></td><td></td><td></td><td></td><td></td><td></td><td></td><td></td><td></td><td></td><td></td><td></td><td></td><td></td><td></td></tr>
<tr><td></td><td></td><td></td><td></td><td></td><td></td><td></td><td></td><td></td><td></td><td></td><td></td><td></td><td></td><td></td><td></td><td></td></tr>
<tr><td></td><td></td><td></td><td></td><td></td><td></td><td></td><td></td><td></td><td></td><td></td><td></td><td></td><td></td><td></td><td></td><td></td></tr>
</table>

❋ 课后反思

反思内容	实际效果	改进设想
工作态度、团队合作意识、质量意识		
成果导向应用情况		
本课评分		

❋ 参考资料

砂含水状态

7.2.16 细骨料性能检测——砂料筛分析试验

✲ 课程信息

1. 基本信息

学生姓名		课程地点		课程时间	
指导教师		哪些同学对我起到帮助	1.	2.	3.
课程项目	细骨料性能检测——砂料筛分析试验				

2. 学习目标

课程学习侧重点																	
课程核心能力权重	A. 责任担当		B. 人文素养		C. 工程知识		D. 学习创新		E. 专业技能		F. 职业操守		G. 问题解决		H. 沟通合作		合计
	15%				15%		10%		15%		15%		15%		15%		100%
课程能力指标权重	A1	A2	B1	B2	C1	C2	D1	D2	E1	E2	F1	F2	G1	G2	H1	H2	合计
	15%		15%		15%		10%				15%		15%		15%		100%
知识目标	(1)掌握细度模数、颗粒级配的概念；(2)熟悉砂料的分类																
能力目标	(1)能够掌握砂料筛分析的检测步骤；(2)会进行结果分析与评价																
素质与思政目标	(1)培养学生踏实勤奋、吃苦耐劳、精益求精、实践创新的工匠精神；(2)培养学生工程质量意识，坚守职业道德																

✲ 背景资料

某高层住宅楼于 2008 年 10 月 15 日开工建设，地下室框架柱，剪力墙的混凝土设计强度为 C40，浇筑后发现地下室框架柱/剪力墙留置的 7 组试件中有 5 组仅达到设计强度的 71%～82%，混凝土评定为不合格。对地下室结构随机抽取了 53 个构件进行检测，发现混凝土构件强度平均为 32.7 MPa。经认真分析调查，认为可能存在的原因有混凝土生产用的原材料质量不合格；误用了低强度混凝土；混凝土配合比不严格；外加剂使用不当；计量不准确。需要对砂子品质进行检验，核对是否满足设计和原材料质量要求，工程所用砂子为当地的河砂，取样地点为施工现场。

✲ 课前活动

1. 讨论。

(1)什么是粗细程度和颗粒级配？

(2)细骨料在混凝土中的作用有哪些？

____

____

(3)混凝土强度的影响因素有哪些？

____

____

2. 网络精品在线开放课程利用。

建设用砂的颗粒级配试验

✲ 必备知识

1. 混凝土常用原材料组成

原材料种类	举例	考核结果	能力指标
水泥	通用硅酸盐水泥：硅酸盐水泥、普通硅酸盐水泥、矿渣硅酸盐水泥、复合硅酸盐水泥、粉煤灰硅酸盐水泥、火山灰质硅酸盐水泥		C1
掺合料	粉煤灰、矿粉、硅灰等		
骨料	粗骨料：石(卵石、碎石) 细骨料：砂(河砂、山砂、海砂)(天然砂、机制砂)		
水	拌和用水：饮用水、地下水、地表水		
外加剂	减水剂、引气剂、泵送剂、速凝剂、缓凝剂、防冻剂、防水剂、膨胀剂等		

2. 使用规范

《建设用砂》(GB/T 14684－2022)。

3. 取样方法

本试验执行标准：《普通混凝土用砂、石质量及检验方法标准》(JGJ 52－2006)。

4. 颗粒级配试验

(1)原理。将砂(粒径小于 4.75 mm)用方孔套筛筛分，4.75 mm、2.36 mm、1.18 mm、0.60 mm、0.30 mm、0.15 mm 各筛的累计筛余百分率分别为 A_1、A_2、A_3、A_4、A_5、A_6(其中 $A_1=0$)，砂细度模数原始定义为 $M_x=(A_2+A_3+A_4+A_5+A_6)/100$，其中 100 为底盘的累计筛余百分率(砂总量 100%)。显然，M_x越大，砂越粗。但工程用砂有“超径现象”，也即砂中有少量粒径大于 4.75 mm 的颗粒，因此，M_x应修正。修正方法：将原始定义分子中的 A_2、A_3、A_4、A_5、A_6各减去 4.75 mm 筛的累计筛余

百分率 A_1（它们都含有 A_1），即减去 $5A_1$；分母 100 也含有 A_1，需减去一个 A_1。工程用砂 $M_x=(A_2+A_3+A_4+A_5+A_6-5A_1)/(100-A_1)$。

M_x越大，砂越粗。按 M_x的大小，将砂分为粗砂、中砂、细砂、特细砂等。通过砂筛分析试验求得细度模数 M_x，就可以判定砂的粗细程度。

(2)仪器设备。

1)标准套筛：包括方孔边长 0.15 mm、0.30 mm、0.60 mm、1.18 mm、2.36 mm、4.75 mm 及 9.50 mm 方孔筛各一只，以及筛底盘与筛盖。

2)天平：称量 1 000 g，感量 1 g。

3)摇筛机。

4)烘箱：控制温度 105 ℃±5 ℃。

5)浅盘、毛刷等。

✲ 课程实施

教学阶段	教学流程	学习成果	教师核查	能力指标
1. 试验前准备工作	(1)天平调平、校准、零点校核			F1
	(2)检查试验筛			F1
	(3)摇筛机开机运转检查			F1
	(4)试验环境检查与记录			F1
阶段性小结				
2. 试样制备	砂按规定取样后用四分法缩分至试样不少于 1 100 g，在 105 ℃±5 ℃烘箱中烘干至恒重，冷却至室温。用 9.50 mm 的筛筛除大于 9.50 mm 颗粒，混匀后分成大致相等的两份备用			E1、G1
阶段性小结				
3. 开始试验	(1)将 4.75 mm、2.36 mm、1.18 mm、0.60 mm、0.30 mm、0.15 mm 按孔径大小顺序排列(大孔在上、小孔在下)，且最上为筛盖、最底为底盘，组成套筛			E1、G1、H1
	(2)精确称取 500 g 烘干砂(m_0)倒入 4.75 mm 筛上，盖上筛盖			E1、G1、H1
	(3)将套筛置于摇筛机上固紧(或直接用手筛)，摇 10 min			
	(4)取下套筛，按筛孔由大到小顺序逐个用手筛，筛至每分钟通过量小于试样总量的 0.1%为止。通过的试样并入下一号筛中，并与下一号筛中的试样一起过筛，按这样顺序进行，直至各号筛全部筛完为止			
	(5)称取各号筛的筛余质量。孔径为 4.75 mm、2.36 mm、1.18 mm、0.60 mm、0.30 mm、0.15 mm，以及底盘上的筛余质量分别记为 m_1、m_2、m_3、m_4、m_5、m_6、$m_{底}$			
阶段性小结				
4. 试验结果处理及结束工作	(1)计算各号筛分计筛余百分率 a_n：$a_n=m_n/500\times100\%$			F1、H1
	(2)计算各号筛累计筛余百分率 A_n：$A_n=a_n+a_{n-1}+\cdots+a_1$			F1、H1

续表

教学阶段	教学流程	学习成果	教师核查	能力指标
4. 试验结果处理及结束工作	(3)计算砂的细度模数 M_x： $M_x=\dfrac{(A_2+A_3+A_4+A_5+A_6)-5A_1}{100-A_1}$			
	砂的筛分析试验应做两次，取另一份试样再进行一次筛分析试验			F1
	砂的筛分析试验应做两次，若两次试验细度模数之差的绝对值小于0.20，则取两次试验细度模数的平均值作为结果；否则重做试验			
	(4)清理、归位、关机，完善仪器设备运行记录			
阶段性小结				

✲ 完成质量

1+X土木工程混凝土材料检测技能等级证书考核标准。

考核评分记录表

技能要素	技术要求	配分	评分标准	量化分值	得分
试验仪器设备准备及校准	天平开机校准	14	天平校准，2分；调平，2分；归零，2分	6	
	试验筛检查		筛网杂物检查及清除，2分；未检查清除，0分；套筛顺序检查，2分；未检查，0分	4	
	摇筛机开机运转检查		是否进行试验前通电运转：是，2分；否，0分	2	
	试验环境检查与记录		温、湿度检查，2分	2	
试样制备	试验前将样品风干，缩分至规定数量	20	缩分至规定数量，5分；用四分法缩分5分	10	
	称量准确(精确至1 g)		称量准确，10分；一个未称量准确扣1分，扣满10分为止	10	
试验操作过程	摇筛试验	50	扣紧，5分；时间设置正确，5分	10	
	取下套筛，按筛孔由大到小顺序逐个用手筛，筛至每分钟通过量小于试样总量的0.1%为止		两次试验，每级按规范进行手筛，每级筛至每分钟通过量小于试样总量0.1%为止。一级未按以上要求试验扣2分，扣满12分为止	12	
	分计、累计筛余计算(分计筛余精确至0.1%，累计筛余精确至1%)		分计或累计筛余错误一处扣1分，扣满12分为止	12	

续表

技能要素	技术要求	配分	评分标准	量化分值	得分
试验操作过程	筛余与筛底总量与筛前试样量比较	50	筛余与筛底总量与筛前试样质量之差不超过1%，5分	5	
	记录规范性		规范填写、更改，6分；信息齐全，5分；涂改扣5分	11	
文明卫生	试验仪器设备关闭及归位	16	归位，4分；未归位一处扣1分	4	
	卫生清理		清理合格4分；未清理一处扣1分	4	
	工具摆放及样品处理		工具放回原处，石子放入集中回收地点，4分；未做一项工作扣1分	4	
	试验中应注意的安全		试验中有安全隐患扣4分	4	

✲ 检查与记录

课程侧重																	
课程核心能力权重	A. 责任担当		B. 人文素养		C. 工程知识		D. 学习创新		E. 专业技能		F. 职业操守		G. 问题解决		H. 沟通合作		合计
	15%				15%		10%		15%		15%		15%		15%		100%
课程能力指标权重	A1	A2	B1	B2	C1	C2	D1	D2	E1	E2	F1	F2	G1	G2	H1	H2	合计

✲ 课后反思

反思内容	实际效果	改进设想
工作态度、团队合作意识、质量意识		
成果导向应用情况		
本课评分		

✲ 参考资料

砂颗粒级配

7.2.17 细骨料性能检测——砂料黏土、淤泥及细屑含量试验

❈ 基本信息

1. 课程信息

学生姓名		课程地点		课程时间	
指导教师		哪些同学对我起到帮助	1.	2.	3.
课程项目	细骨料性能检测——砂料黏土、淤泥及细屑含量试验				

2. 学习目标

课程学习侧重点																	
课程核心能力权重	A. 责任担当		B. 人文素养		C. 工程知识		D. 学习创新		E. 专业技能		F. 职业操守		G. 问题解决		H. 沟通合作		合计
	15%				15%		10%		15%		15%		15%		15%		100%
课程能力指标权重	A1	A2	B1	B2	C1	C2	D1	D2	E1	E2	F1	F2	G1	G2	H1	H2	合计
	15%		15%		15%		10%				15%		15%		15%		100%
知识目标	(1)掌握砂料含泥量的概念；(2)含泥量对混凝土性能的影响																
能力目标	(1)能够掌握砂料含泥量的检测步骤；(2)会进行结果分析与评价																
素质与思政目标	(1)养成科学严谨、诚实守信、团结协作的职业素养；(2)激励学生发愤图强，激发学生为国家振兴、民族强盛、科技报国的家国情怀和使命担当；(3)引导学生学好专业，为将来解决上述行业所面临的共同难题贡献自己的力量，培养和树立社会责任感																

❈ 背景资料

某高层住宅楼于2008年10月15日开工建设，地下室框架柱，剪力墙的混凝土设计强度为C40，浇筑后发现地下室框架柱/剪力墙留置的7组试件中有5组仅达到设计强度的71%～82%，混凝土评定为不合格。对地下室结构随机抽取了53个构件进行检测，发现混凝土构件强度平均为32.7 MPa。经认真分析调查，认为可能存在的原因有混凝土生产用的原材料质量不合格；误用了低强度混凝土；混凝土配合比不严格；外加剂使用不当；计量不准确。需要对砂子品质进行检验，核对是否满足设计和原材料质量要求，工程所用砂子为当地的河砂，取样地点为施工现场。

❈ 课前活动

1. 讨论。

(1)砂中有害杂质含量有哪些？

____

____

(2)为什么泥、石粉和泥块对混凝土是有害的？

____

____

(3)混凝土强度的影响因素有哪些？

____

____

2. 网络精品在线开放课程利用。

细集料含泥量试验(筛洗法)

✲ 必备知识

1. 混凝土常用原材料组成

原材料种类	举例	考核结果	能力指标
水泥	通用硅酸盐水泥：硅酸盐水泥、普通硅酸盐水泥、矿渣硅酸盐水泥、复合硅酸盐水泥、粉煤灰硅酸盐水泥、火山灰质硅酸盐水泥		C1
掺合料	粉煤灰、矿粉、硅灰等		
骨料	粗骨料：石(卵石、碎石) 细骨料：砂(河砂、山砂、海砂)(天然砂、机制砂)		
水	拌合用水：饮用水、地下水、地表水		
外加剂	减水剂、引气剂、泵送剂、速凝剂、缓凝剂、防冻剂、防水剂、膨胀剂等		

2. 使用规范

《建设用砂》(GB/T 14684—2022)。

3. 取样方法

本试验执行标准：《普通混凝土用砂、石质量及检验方法标准》(JGJ 52—2006)。

4. 砂料黏土、淤泥及细屑含量试验

(1)原理。通过水浸、淘洗等方法使泥与砂分离并溶解或悬浮于水中，再用孔径为0.08 mm的筛滤走。

(2)仪器设备。

1)天平：称量1 000 g，感量1 g。

2)烘箱：控制温度105 ℃±5 ℃。

3)筛：标准筛，孔径0.08 mm、1.25 mm的筛各1只。

4)洗砂筒、浅盘、搅棒等。

✲ 课程实施

教学阶段	教学流程	学习成果	教师核查	能力指标
1. 试验前准备工作	(1)天平调平、校准、零点校核			F1
	(2)检查试验筛			F1
阶段性小结				
2. 试样制备	(1)砂按规定取样后用四分法缩分至试样不少于 1 100 g，在 105 ℃±5 ℃烘箱中烘干至恒重，冷却至室温，混匀后分成大致相等的两份备用			E1、G1
	(2)将孔径 1.25 mm、0.08 mm 的筛组成套筛(大孔在上、小孔在下)			E1、G1、H1
阶段性小结				
3. 开始试验	(1)称取烘干的砂样 500 g(G_1)两份备用			E1、G1、H1
	(2)取一份试样置于洁净的洗砂筒中，注入高出砂面约 150 mm 的饮用水，拌混均匀后，浸泡 2 h			E1、G1、H1
	(3)用手在水中淘洗试样，使尘屑、淤泥、黏土与砂粒分离，并使其悬浮或溶于水中，缓缓地将浑浊液倒入套筛的1.25 mm筛上，滤去小于 0.08 mm 的颗粒(只能将浑浊液倒在套筛的 1.25 mm 筛上，千万不能将砂到在套筛上；严禁将砂倒在0.08 mm筛上			E1、G1、H1
	(4)在筒中加入清水，重复上述操作，直至筒内的水清澈为止			E1、G1、H1
	(5)用细水流小心淋洗剩留在筛上的细粒，并将 0.08 mm 筛放在其他盛水容器中来回轻轻摇动，以充分洗除小于 0.08 mm 的颗粒			E1、G1、H1
	(6)将两只筛上剩留的颗粒和筒中已洗净的砂一并移入浅盘，送入烘箱中烘干至恒重			E1、G1、H1
	(7)冷却后，称洗净且烘干砂的质量，记为 m_1			E1、G1、H1
阶段性小结				
4. 试验结果处理及结束工作	(1)砂的含泥量 $Q\%=(m_0-m_1)/m_0$，以两个试样试验结果的算术平均值作为测定值			F1、H1
	(2)若两次结果之差大于 0.5%，试验应重做			F1、H1
	(3)根据测得的试验结果，可判定该砂适宜用来配制何种强度等级的混凝土			F1、H1
	(4)清理、归位、关机，完善仪器设备运行记录			F1、H1
阶段性小结				

✲ 完成质量

1＋X土木工程混凝土材料检测技能等级证书考核标准。

考核评分记录表

技能要素	技术要求	配分	评分标准	量化分值	得分
试验仪器设备准备及校准	天平开机校准	14	天平校准，2分；调平，2分；归零，2分	6	
	试验筛检查		筛网杂物检查及清除，2分；未检查清除，0分；套筛顺序检查，2分；未检查，0分	4	
	摇筛机开机运转检查		是否进行试验前通电运转：是，2分；否，0分	2	
	试验环境检查与记录		温、湿度检查，2分	2	
试样制备	试验前将样品风干，缩分至规定数量	20	缩分至规定数量，5分；用四分法缩分，5分	10	
	称量准确(精确至1 g)		称量准确，10分；一个未称量准确扣1分；扣满10分为止	10	
试验操作过程	摇筛试验	50	扣紧，5分；时间设置正确，5分	10	
	取下套筛，按筛孔由大到小顺序逐个用手筛，筛至每分钟通过量小于试样总量的0.1%为止		两次试验，每级按规范进行手筛，每级筛至每分钟通过量小于试样总量0.1%为止。一级未按以上要求试验扣2分，扣满12分为止	12	
	分计、累计筛余计算(分计筛余精确至0.1%，累计筛余精确至1%)		分计或累计筛余错误一处扣1分，扣满12分为止	12	
	筛余与筛底总量与筛前试样量比较		筛余与筛底总量与筛前试样质量之差不超过1%，5分	5	
	记录规范性		规范填写、更改，6分；信息齐全，5分；涂改扣5分	11	
文明卫生	试验仪器设备关闭及归位	16	归位，4分；未归位一处扣1分	4	
	卫生清理		清理合格，4分；未清理一处扣1分	4	
	工具摆放及样品处理		工具放回原处，石子放入集中回收地点，4分；未做一项工作扣1分	4	
	试验中应注意的安全		试验中有安全隐患扣4分	4	

✲ 检查与记录

课程侧重																	
课程核心能力权重	A. 责任担当		B. 人文素养		C. 工程知识		D. 学习创新		E. 专业技能		F. 职业操守		G. 问题解决		H. 沟通合作		合计
	15%				15%		10%		15%		15%		15%		15%		100%
课程能力指标权重	A1	A2	B1	B2	C1	C2	D1	D2	E1	E2	F1	F2	G1	G2	H1	H2	合计

✲ 课后反思

反思内容	实际效果	改进设想
工作态度、团队合作意识、质量意识		
成果导向应用情况		
本课评分		

✲ 参考资料

砂黏土、淤泥、细屑含量

模块 8　混凝土强度控制方法

8.1　混凝土强度的控制和检验

8.1.1　混凝土强度的控制方法

✲ 课程信息

1. 基本信息

学生姓名		课程地点		课程时间	
指导教师		哪些同学对我起到帮助？	1.	2.	3.
课程项目	混凝土强度的控制方法				

2. 学习目标

课程学习侧重点																	
课程核心能力权重	A. 责任担当		B. 人文素养		C. 工程知识		D. 学习创新		E. 专业技能		F. 职业操守		G. 问题解决		H. 沟通合作		合计
	15%		10%		15%		10%		15%		10%		15%		10%		100%
课程能力指标权重	A1	A2	B1	B2	C1	C2	D1	D2	E1	E2	F1	F2	G1	G2	H1	H2	合计
	15%		10%		15%		10%		15%		10%		15%		10%		100%
知识目标	(1)熟悉混凝土强度的控制标准；(2)掌握混凝土强度的控制方法																
能力目标	能够监控混凝土质量并能解决问题																
素质与思政目标	培养科学严谨、实事求是的职业态度																

✲ 背景资料

某混凝土重力坝工程施工，包括基坑开挖、垫层施工、基础施工、坝体混凝土施工。在某施工阶段的施工过程中，业主在对混凝土强度抽样检测后发现混凝土的抗压强度不稳定，对现场监理和施工单位提出怀疑并要求彻查，现怀疑基坑泡水、天气寒冷、混凝土泌水未及时排出、水泥错用、配合比控制不严、实验室的试验条件不满足标准要求等多个原因，需要对影响混凝土的强度的各个因素进行检验，核对是否满足设计和原材料质量要求。

✼ 课前活动

1. 讨论。

(1)你认为如何在施工过程中控制混凝土强度？

______

______

(2)影响混凝土强度的主要因素有哪些？

______

______

(3)哪些混凝土强度的影响因素最容易产生？

______

______

2. 网络精品在线开放课程利用。

混凝土强度

✼ 必备知识

1. 混凝土强度的影响因素

类别	举例	考核结果
主要因素	1. 原材料的影响：如胶凝材料、骨料等。 2. 水胶比的影响：水胶比的变化如何对混凝土强度产生影响	
其他因素	1. 施工条件的影响。 2. 养护条件的影响。 3. 试验条件对混凝土强度测定值的影响。 4. 骨料有害杂质含量。 5. 骨料的颗粒形态及表面特征。 6. 混凝土硬化时间，即龄期的影响	

2. 使用规范

序号	规范名称	对规范熟悉情况	考核结果
1	《水工混凝土试验规程》(SL/T 352—2020)	1. 是/否准备好规范？电子版还是纸质版？ 2. 是/否提前预习规范？能准确说出还是能大致说出	
2	《水工混凝土施工规范》(SL 677—2014)		

✲ 课程实施

教学阶段	教学流程	学习成果	教师核查	能力指标
1. 课前准备	(1)了解混凝土强度标准差，保证率、目标值的概念			G1
	(2)举例说明如何确定混凝土强度的目标值			G1
	(3)讨论混凝土强度的影响因素			G1
阶段性小结				
2. 课中实施	结合背景资料中的案例，找出影响混凝土强度的因素，并提出对策。 (1)混凝土原材料、水胶比。 $$f_{cu}=Af_{ce}\left(\frac{c+p}{w}\right)-B$$ 式中 f_{cu}——混凝土强度(MPa)； f_{ce}——水泥 28d 龄期抗压强度实测值(MPa)； $(c+p)/w$——胶水比，其中 c 为单位体积混凝土中水泥用量，p 为单位体积混凝土中掺合料用量，w 为单位体积混凝土中用水量，当无掺合料时，p 取 0； A、B——回归系数，当水泥强度波动较大时，应代入 f_{ce} 调整回归系数。 (2)施工条件、养护条件、试验条件、骨料有害杂质含量、骨料的颗粒形态及表面特征、混凝土硬化时间，即龄期的影响。 1)施工中混凝土表面养护应遵守下列规定： ①混凝土浇筑完毕初凝前，应避免仓面积水、阳光暴晒。 ②混凝土初凝后可采用洒水或流水等方式养护。 ③混凝土养护应连续进行，养护期间混凝土表面及所有侧面始终保持湿润。 2)粗、细骨料的品质要求。 3)标准养护室：应控制室内温度(20±2)℃，相对湿度 95%以上。应为雾室，保证试件表面呈潮湿状态，但不应被水直接淋刷。在断电情况下，5 h内养护室内温度变化不应超过 2 ℃。其他要求应满足《水工混凝土标准养护室检验方法》(SL 138—2011)的规定。在没有标准养护室时，试件可在(20±2)℃的饱和石灰水[或 $Ca(OH)_2$ 饱和溶液]中养护，但应在报告中注明			H1、G1

续表

教学阶段	教学流程	学习成果	教师核查	能力指标
阶段性小结				
3. 课后拓展	结合混凝土强度的影响因素，总结控制混凝土强度的方法与对策			H1、G1
阶段性小结				

❈ 检查与记录

课程侧重																	
课程核心能力权重	A. 责任担当		B. 人文素养		C. 工程知识		D. 学习创新		E. 专业技能		F. 职业操守		G. 问题解决		H. 沟通合作		合计
	15%		10%		15%		10%		15%		10%		15%		10%		100%
课程能力指标权重	A1	A2	B1	B2	C1	C2	D1	D2	E1	E2	F1	F2	G1	G2	H1	H2	合计

❈ 课后反思

反思内容	实际效果	改进设想
工作态度、团队合作意识、质量意识		
成果导向应用情况		
本课评分		

❈ 参考资料

混凝土强度控制方法

8.1.2 混凝土强度的检验

※ 课程信息

1. 基本信息

学生姓名		课程地点		课程时间	
指导教师		哪些同学对我起到帮助	1.	2.	3.
课程项目	混凝土强度的检验				

2. 学习目标

课程学习侧重点																	
课程核心能力权重	A. 责任担当		B. 人文素养		C. 工程知识		D. 学习创新		E. 专业技能		F. 职业操守		G. 问题解决		H. 沟通合作		合计
	15%		10%		15%		10%		15%		10%		15%		10%		100%
课程能力指标权重	A1	A2	B1	B2	C1	C2	D1	D2	E1	E2	F1	F2	G1	G2	H1	H2	合计
	15%		10%		15%		10%		15%		10%		15%		10%		100%
知识目标	熟悉混凝土强度检验的方法与计算																
能力目标	能够准确进行试验操作																
素质与思政目标	培养科学严谨、实事求是的职业态度																

※ 背景资料

某混凝土重力坝工程坝体混凝土施工。根据混凝土单元工程质量评定要求，现在根据某一单元工程的混凝土抗压强度进行统计分析并报送监理工程师审核。以此来监测混凝土施工质量，核对是否满足设计要求。

※ 课前活动

1. 讨论。

(1)如何检测混凝土强度？

______

______

______

(2)混凝土抗压强度试件是如何取样的？取样频次是什么？

______

______

______

(3)什么是混凝土强度保证率？它具有什么意义？

2. 网络精品在线开放课程利用。

混凝土试件抗压强度试验

✲ 必备知识

1. 混凝土强度的检验与统计分析

检验指标	举例	考核结果
混凝土抗压强度	1. 混凝土抗压试件是如何取样的？ 2. 混凝土抗压强度的计算公式是什么	
混凝土抗压强度标准差	1. 混凝土抗压强度标准差是什么？ 2. 混凝土抗压强度标准差公式是什么	
混凝土抗压强度保证率	混凝土抗压强度保证率是如何求得的	

2. 规范的使用

序号	检测项目	规范名称	对规范熟悉情况
1	混凝土抗压强度	《水工混凝土试验规程》(SL/T 352－2020)	1. 是/否准备好规范？电子版还是纸质版？ 2. 是/否提前预习规范？能准确说出还是能大致说出
2	混凝土抗压强度标准差	《水工混凝土施工规范》(SL 677－2014)	
3	混凝土抗压强度保证率	《水工混凝土施工规范》(SL 677－2014)	

❋ 课程实施

<table>
<tr><th>教学阶段</th><th>教学流程</th><th>学习成果</th><th>教师核查</th><th>能力指标</th></tr>
<tr><td rowspan="3">1. 课前准备</td><td>(1)混凝土强度如何进行检验</td><td></td><td></td><td>G1</td></tr>
<tr><td>(2)了解混凝土强度标准差，保证率、目标值的概念</td><td></td><td></td><td>G1</td></tr>
<tr><td>(3)讨论混凝土强度的检验如何进行</td><td></td><td></td><td>G1</td></tr>
<tr><td>阶段性小结</td><td colspan="3"></td><td></td></tr>
<tr><td>2. 课中实施</td><td>(1)混凝土抗压强度。
1)按规定制作和养护试件，每组 3 个试件。抗压强度采用边长150 mm 的立方体试件，在成型前用湿筛法筛除粒径大于 40 mm 的骨料。
2)到达规定试验龄期时，从养护室取出试件，用湿布覆盖试件，保持试件潮湿状态。
3)试验前将试件擦拭干净，检查外观，在上下承压面中部相垂直位置测量宽度(精确到 1 mm)。试件的外观及偏差等应满足规范《水工混凝土试验规程》(SL/T 352—2020)的规定。
4)将试验机上、下压板擦拭干净。将试件放在试验机下压板中部，以成型时侧面为承压面。如有必要，在试验机上、下压板与试件之间加入钢垫板，在上压板与试件之间正中位置夹放钢质球座。
5)设定试验机加载速度为 18～30 MPa/ min。开动试验机，当上压板与垫板将接触时，调整球座使试件受压均匀。使试验机连续而均匀地加荷直至试件破坏，记录破坏荷载 P(精确到 0.01 kN)。如手动控制加载速度，当试件接近破坏而开始迅速变形时，应停止调整试验机油门直至试件破坏。
6)停机后取下试件，观察破坏后试件的形貌，如有明显的非均匀受压破坏的现象，应做记录。
(2)混凝土抗压强度标准差。
$$\sigma = \sqrt{\frac{\sum_{i=1}^{n} f_{cu,i}^2 - n m_{fcu}^2}{n-1}}$$
(3)混凝土抗压强度保证率。
<table><tr><th>项目</th><th colspan="2">质量标准</th></tr><tr><td>无筋(或少筋)混凝土强度保证率</td><td>85%</td><td>80%</td></tr><tr><td>配筋混凝土强度保证率</td><td>95%</td><td>90%</td></tr></table>(4)混凝土抗压强度检验实操作业</td><td></td><td></td><td>G1、H1</td></tr>
<tr><td>阶段性小结</td><td colspan="3"></td><td></td></tr>
<tr><td>3. 课后拓展</td><td>结合背景资料，复习混凝土抗压强度检验的全部过程</td><td></td><td></td><td>G1、H1</td></tr>
<tr><td>阶段性小结</td><td colspan="3"></td><td></td></tr>
</table>

✲ 检查与记录

课程侧重																	
课程核心能力权重	A. 责任担当		B. 人文素养		C. 工程知识		D. 学习创新		E. 专业技能		F. 职业操守		G. 问题解决		H. 沟通合作		合计
	15%		10%		15%		10%		15%		10%		15%		10%		100%
课程能力指标权重	A1	A2	B1	B2	C1	C2	D1	D2	E1	E2	F1	F2	G1	G2	H1	H2	合计

✲ 课后反思

反思内容	实际效果	改进设想
工作态度、团队合作意识、质量意识		
成果导向应用情况		
本课评分		

✲ 参考资料

混凝土的强度检验

8.2 混凝土的耐久性检验

❋ 课程信息

1. 基本信息

学生姓名		课程地点		课程时间	
指导教师		哪些同学对我起到帮助	1.	2.	3.
课程项目	混凝土的耐久性检验				

2. 学习目标

<table>
<tr><td colspan="18">课程学习侧重点</td></tr>
<tr><td rowspan="2">课程核心能力权重</td><td colspan="2">A. 责任担当</td><td colspan="2">B. 人文素养</td><td colspan="2">C. 工程知识</td><td colspan="2">D. 学习创新</td><td colspan="2">E. 专业技能</td><td colspan="2">F. 职业操守</td><td colspan="2">G. 问题解决</td><td colspan="2">H. 沟通合作</td><td>合计</td></tr>
<tr><td colspan="2">15%</td><td colspan="2">10%</td><td colspan="2">15%</td><td colspan="2">10%</td><td colspan="2">15%</td><td colspan="2">10%</td><td colspan="2">15%</td><td colspan="2">10%</td><td>100%</td></tr>
<tr><td rowspan="2">课程能力指标权重</td><td>A1</td><td>A2</td><td>B1</td><td>B2</td><td>C1</td><td>C2</td><td>D1</td><td>D2</td><td>E1</td><td>E2</td><td>F1</td><td>F2</td><td>G1</td><td>G2</td><td>H1</td><td>H2</td><td>合计</td></tr>
<tr><td>15%</td><td></td><td>10%</td><td></td><td>15%</td><td></td><td>10%</td><td></td><td>15%</td><td></td><td>10%</td><td></td><td>15%</td><td></td><td>10%</td><td></td><td>100%</td></tr>
<tr><td>知识目标</td><td colspan="17">熟悉混凝土的耐久性检验标准、检验方法、评定方法</td></tr>
<tr><td>能力目标</td><td colspan="17">能够对混凝土抗冻性能及抗渗性能检验进行实操</td></tr>
<tr><td>素质与思政目标</td><td colspan="17">培养科学严谨、实事求是的职业态度</td></tr>
</table>

❋ 背景资料

某混凝土重力坝工程坝体混凝土施工。根据混凝土单元工程质量评定要求，现在根据某一单元工程的混凝土的耐久性进行检验并报送监理工程师审核。以此来监测混凝土施工质量，核对是否满足设计要求。

❋ 课前活动

1. 讨论。

(1)混凝土的耐久性包括哪些方面？

____

____

(2)混凝土抗冻、抗渗试件是如何取样的？取样频次是什么？

____

____

(3)混凝土的耐久性检验具有什么意义？

____

____

2. 网络精品在线开放课程利用。

混凝土耐久性

✲ 必备知识

1. 混凝土耐久性的检验

检验指标	举例	考核结果
混凝土抗冻性能	1. 混凝土抗冻试件是如何取样的？ 2. 混凝土抗冻性能的计算公式是什么	
混凝土抗渗性能	1. 混凝土抗渗试件是如何取样的？ 2. 混凝土抗渗等级的计算公式是什么	
混凝土碳化	混凝土碳化对混凝土的耐久性有什么影响	
混凝土中氯离子含量	混凝土氯离子含量对混凝土耐久性的影响	
钢筋的锈蚀	是否了解钢筋锈蚀所产生的原因	
钢筋位置测定	钢筋位置测定的方法	
硬化混凝土水胶比分析	硬化混凝土水胶比分析的方法	
混凝土和砂浆的吸水率	混凝土和砂浆的吸水率对混凝土耐久性的影响是什么	

2. 规范的使用

<table>
<tr><th>序号</th><th>检测项目</th><th>规范名称</th><th>对规范熟悉情况</th><th>考核结果</th></tr>
<tr><td>1</td><td>混凝土
抗冻性能</td><td>《水工混凝土试验规程》
(SL/T 352－2020)</td><td rowspan="2">1. 是/否准备好规范？电子版还是纸质版？
2. 是/否提前预习规范？能准确说出还是能大致说出</td><td></td></tr>
<tr><td>2</td><td>混凝土
抗渗性能</td><td>《水工混凝土试验规程》
(SL/T 352－2020)</td><td></td></tr>
</table>

✲ 课程实施

教学阶段	教学流程	学习成果	教师核查	能力指标
1. 课前准备	(1)了解混凝土耐久性包括哪些内容			G1
	(2)混凝土抗冻性能如何进行检验			G1
	(3)讨论混凝土抗渗性能如何进行检验			G1
	(4)混凝土碳化深度如何检验			G1
	(5)混凝土氯离子含量如何检验			G1
	(6)混凝土裂缝的宽度和深度如何进行检验			G1
	(7)钢筋锈蚀状况如何进行检验			G1
	(8)混凝土和砂浆的吸水率如何进行检验			G1
阶段性小结				
2. 课中实施	(1)混凝土抗冻性能。 1)快速冻融循环过程应按下列规定进行： ①一次循环总历时 2.0～4.0 h。 ②降温历时 1.0～2.5 h。 ③升温历时 1.0～2.0 h，并不少于整个冻融循环历时的 1/4。 ④降温和升温终了时，试件中心温度应分别控制在(－18±2)℃和(5±2)℃。 ⑤试件中心和表面的温差应小于 28 ℃。 2)仪器设备应包括下列几种： ①混凝土快速冻融试验机：主要由冻融箱、加热冷却循环系统、自动控制及记录系统等组成，能够满足规定的快速冻融循环过程。使用铂电阻温度传感器或其他测温仪器，分度值不应大于 0.1 ℃，至少在测温试件中心、冻融箱中部及相对两角各放置一个温度传感器。冻融液应在－25～20 ℃范围内稳定，满载运行时冻融箱内的冻融液温度极差不应大于 2 ℃。其他要求应符合《混凝土快速冻融试验机校验方法》(SL 134－2017)的规定。 ②测温试件：尺寸与抗冻试件相同，宜用高抗冻混凝土制作。测温试件应放在冻融箱中部位置，测温传感器探头宜预埋于测温试件中心；如是后期插入测温试件的预留孔中，应在间隙注入水并密封。测温试件盒灌入的冻融介质(淡水、海水或盐水)应与试验试件盒保持一致。 ③试件盒：由 4～5 mm 厚的橡胶制成，内侧面有 3 mm 左右的竖向突起，一端开口一端封闭，尺寸约为 1 20 mm×1 20 mm×500 mm。 ④动弹性模量测定仪：宜采用规定的强迫共振法动弹性模测量定仪。 ⑤秤：分度值不大于 5 g。 3)试验步骤应按下列规定执行： ①按规定制备和养护试件，每组 3 个试件。抗冻试验采用100 mm×100 mm×400 mm 的棱柱体试件，在成型前用湿筛法去除粒径大于 30 mm 的骨料。抗冻试模内侧壁不宜刷机油等油性脱模剂，可用水性脱模剂或塑料薄膜			H1、G1

续表

教学阶段	教学流程	学习成果	教师核查	能力指标
2. 课中实施	②试验龄期按设计要求确定。到达规定试验龄期前 4 d，将试件浸泡在(20±2)℃的水中使其吸水饱和。对于水中养护的试件，到达规定试验龄期时即可直接用于试验。强度大于 40 MPa 的抗冻试件拆模后应水养至测试龄期。如环境介质为海水或其他含盐水，应先风干 2 d，再浸泡海水或相应的盐水 2 d。 ③试验前，取出试件，用湿布将试件表面擦干，以饱和面干状态称取试件质量 G(精确到 1 g)。按规定测定试件初始自振频率 f(精确到 1 Hz)。 ④将试件装入试件盒中，按冻融介质要求，注入淡(海、盐)水，水面应浸没试件顶面不超过20 mm。然后将试件盒放入冻融试验机，开机进行试验。试验时应保证冻融箱装满试件，如无正式试件可用废试件填充。 ⑤每做 25 次冻融循环取出试件检测一次自振频率，也可根据需要确定检测的间隔次数。测试时，逐个将试件盒取出，用流水冲洗试件，按步骤③称重和测定自振频率，并做必要的外观描述或照相。将试件盒内剥落物清理干净，重新注入淡(海、盐)水，并将试件调头装入试件盒，然后放回冻融试验机继续试验。 ⑥出现下列三种情况之一时，即可停止相应试件的冻融试验： a. 至抗冻等级对应的冻融循环次数。 b. 相对动弹性模量≤60%。 c. 质量损失率≥5%。 ⑦当有试件终止试验取出后，应另用试件填补空位，若因故需人为中断试验，应将试件在受冻状态下保存。 (2)混凝土抗渗性能。 1)按规定制备和养护试件，每组 6 个试件。抗渗试验采用上口直径 175 mm、下口直径 185 mm、高 150 mm 的截头圆锥体试件，在成型前用湿筛法筛除粒径大于 40 mm 的骨料。 2)试件拆模后，用钢丝刷刷去两端面的水泥浆膜，然后送入养护室养护。 3)试验龄期按设计要求确定。到达规定试验龄期时，取出试件，擦拭干净，待表面晾干后，将试件密封及装入模套。用石蜡加松香密封时，在试件侧面滚涂一层熔化的石蜡松香混合物，然后用加压装置将试件压入经过烘箱或电炉预热过的模套中(模套预热温度，以石蜡接触模套即缓慢熔化但不流淌为宜)，使试件与模套底部平齐，模套变冷后才可卸压。用水泥加黄油密封时，其用量比为(2.5～3)：1，用三角刀均匀刮涂 1～2 mm 厚密封材料在试件侧面上，然后用加压装置将试件压入模套，使试件与模套底部齐平。 4)启动抗渗仪，开通六个试位的阀门，使水从孔中渗出充满试位坑。关闭抗渗仪，将装好试件的模套安装紧固在试位上。 5)试验时，水压从 0.1 MPa 开始，以后每隔 8 h 增加 0.1 MPa，并随时观察试件端面渗水情况。 ①若试件周边渗水，表明密封不好，应及时关闭对应试位的阀门，取下重新密封，尽快装回继续试验。 ②若试件表面渗水，应及时关闭对应试位阀门，结束该试件的试验。 6)出现以下两种情况之一时，应停止抗渗试验： ①尚未加至规定水压力(由设计抗渗等级按照公式反算的水压力)，表面渗水的试件超过两个，记录此时的水压力并停机。			H1、G1

续表

教学阶段	教学流程	学习成果	教师核查	能力指标
2. 课中实施	②加至规定水压力，表面渗水的试件不超过两个，可停机；若需要测试混凝土最大抗渗等级，可继续加压，直至表面渗水的试件超过两个，记录此时的水压力并停机。 7)泄压后拆除试件。混凝土抗冻与抗渗检验实操作业			H1、G1
阶段性小结				
3. 课后拓展	结合背景资料，复习混凝土抗冻和抗渗性能检验的全部过程			G1、H1
阶段性小结				

✲ 检查与记录

课程侧重																	
课程核心能力权重	A. 责任担当		B. 人文素养		C. 工程知识		D. 学习创新		E. 专业技能		F. 职业操守		G. 问题解决		H. 沟通合作		合计
	15%		10%		15%		10%		15%		10%		15%		10%		100%
课程能力指标权重	A1	A2	B1	B2	C1	C2	D1	D2	E1	E2	F1	F2	G1	G2	H1	H2	合计

✲ 课后反思

反思内容	实际效果	改进设想
工作态度、团队合作意识、质量意识		
成果导向应用情况		
本课评分		

✲ 参考资料

混凝土的耐久性检验

8.3　现场混凝土生产质量评定

✲ 课程信息

1. 基本信息

学生姓名		课程地点		课程时间	
指导教师		哪些同学对我起到帮助	1.	2.	3.
课程项目	现场混凝土生产质量评定				

2. 学习目标

课程学习侧重点																	
课程核心能力权重	A. 责任担当		B. 人文素养		C. 工程知识		D. 学习创新		E. 专业技能		F. 职业操守		G. 问题解决		H. 沟通合作		合计
	15%		10%		15%		10%		15%		10%		15%		10%		100%
课程能力指标权重	A1	A2	B1	B2	C1	C2	D1	D2	E1	E2	F1	F2	G1	G2	H1	H2	合计
	15%		10%		15%		10%		15%		10%		15%		10%		100%
知识目标	熟悉混凝土质量评定方法																
能力目标	能够监控混凝土质量																
素质与思政目标	培养科学严谨、实事求是的职业态度																

✲ 背景资料

某混凝土重力坝工程坝体混凝土施工。在某施工阶段的施工过程中业主在对混凝土强度抽样检测以此来评定混凝土质量并评定混凝土生产质量管理水平。

✲ 课前活动

1. 讨论。

(1)如何评定混凝土质量?

____

____

(2)如何通过混凝土质量评定混凝土生产质量管理水平?

____

____

2. 网络精品在线开放课程利用。

混凝土质量控制及强度评定

✲ 必备知识

1. 混凝土质量的评定

<table>
<tr><th>项目</th><th>举例</th><th>考核结果</th></tr>
<tr><td rowspan="2">混凝土质量的评定</td><td>1. 同一强度等级的混凝土试块 28 d 龄期抗压强度的组数 $n \geqslant 30$ 时如何评定</td><td rowspan="2"></td></tr>
<tr><td>2. 同一强度等级的混凝土试块 28 d 龄期抗压强度的组数 $30 > n \geqslant 5$ 时如何评定</td></tr>
<tr><td>混凝土生产质量管理水平评定</td><td>如何通过混凝土强度来评定混凝土生产水平</td><td></td></tr>
</table>

2. 规范的使用

<table>
<tr><th>序号</th><th>项目</th><th>评定方法</th><th>对规范熟悉情况</th><th>考核结果</th></tr>
<tr><td>1</td><td>混凝土质量的评定</td><td>《混凝土强度检验评定标准》(GB/T 50107－2010)</td><td rowspan="2">1. 是/否准备好规范？电子版还是纸质版？
2. 是/否提前预习规范？能准确说出还是能大致说出</td><td></td></tr>
<tr><td>2</td><td>混凝土生产质量管理水平评定</td><td>《水工混凝土施工规范》(SL 677－2014)</td><td></td></tr>
</table>

❋ 课程实施

<table>
<tr><th>教学阶段</th><th>教学流程</th><th>学习成果</th><th>教师核查</th><th>能力指标</th></tr>
<tr><td rowspan="3">1. 课前准备</td><td>(1)了解混凝土生产质量和混凝土生产管理水平</td><td></td><td></td><td>G1</td></tr>
<tr><td>(2)举例说明沪宁图生产质量的影响因素有哪些</td><td></td><td></td><td>G1</td></tr>
<tr><td>(3)讨论混凝土生产质量和混凝土生产管理水平如何进行评定</td><td></td><td></td><td>G1</td></tr>
<tr><td>阶段性小结</td><td colspan="4"></td></tr>
<tr><td>2. 课中实施</td><td>
(1)混凝土质量的评定。
1)同一强度等级的混凝土试块 28 d 龄期抗压强度的组数 $n \geqslant 30$ 时，应符合有关规范的要求。
2)同一强度等级的混凝土试块 28 d 龄期抗压强度的组数 $30 > n \geqslant 5$ 时，混凝土试块强度应同时满足下列要求：
$$m_{fcu} - 0.7\sigma > f_{cu,k}$$
$$m_{fcu} - 1.60\sigma \geqslant 0.83 f_{cu,k}$$
(当 $f_{cu,k} \geqslant 20$)
或 $\geqslant 0.80 f_{cu,k}$(当 $f_{cu,k} < 20$)
当统计得到的 $\sigma < 2.0$(或 1.5 MPa)时，应取 $\sigma = 2.0$ MPa($f_{cu,k} \geqslant$ 20 MPa)；$\sigma = 1.5$ MPa($f_{cu,k} < 20$ MPa)。
3)同一强度等级的混凝土试块 28 d 龄期抗压强度的组数 $5 > n \geqslant 2$ 时，混凝土试块强度应同时满足下列要求：
$$m_{fcu} \geqslant 1.15 f_{cu,k}$$
$$f_{cu,min} \geqslant 0.95 f_{cu,k}$$
式中 m_{fcu}——n 组试块强度的平均值(MPa)；
$f_{cu,k}$——设计 28 d 龄期抗压强度值(MPa)；
$f_{cu,min}$——n 组试块中强度最小一组的值(MPa)
</td><td></td><td></td><td>H1、G1</td></tr>
<tr><td>2. 课中实施</td><td>
4)同一强度等级的混凝土试块 28 d 龄期抗压强度的组数只有 1 组时，混凝土试块强度应满足下列要求：
$$f_{cu} \geqslant 1.15 f_{cu,k}$$
式中 f_{cu}——试块强度实测值(MPa)；
$f_{cu,k}$——设计 28 d 龄期抗压强度值(MPa)。
在实际工作中，同一强度等级的混凝土试块 28 d 龄期抗压强度的组数 $\leqslant 5$ 的情况大量存在，故应对 3)和 4)的要求很清楚。
(2)混凝土生产质量管理水平评定。
<table>
<tr><th colspan="2">混凝土质量等级</th><th>优秀</th><th>合格</th></tr>
<tr><td rowspan="3">混凝土抗压强度标准差/MPa</td><td>$f_{cu,k} \leqslant 20$ MPa</td><td>$\leqslant 3.5$</td><td>$\leqslant 4.5$</td></tr>
<tr><td>20 MPa $< f_{cu,k} \leqslant 35$ MPa</td><td>$\leqslant 4.0$</td><td>$\leqslant 5.0$</td></tr>
<tr><td>$f_{cu,k} > 35$ MPa</td><td>$\leqslant 4.5$</td><td>$\leqslant 5.5$</td></tr>
</table>
(3)结合背景资料中的案例进行混凝土生产质量与管理水平的评定
</td><td></td><td></td><td>H1、G1</td></tr>
</table>

续表

教学阶段	教学流程	学习成果	教师核查	能力指标
阶段性小结				
3. 课后拓展	如何提高混凝土生产质量与管理水平			H1、G1
阶段性小结				

✲ 检查与记录

课程侧重																	
课程核心能力权重	A. 责任担当		B. 人文素养		C. 工程知识		D. 学习创新		E. 专业技能		F. 职业操守		G. 问题解决		H. 沟通合作		合计
	15%		10%		15%		10%		15%		10%		15%		10%		100%
课程能力指标权重	A1	A2	B1	B2	C1	C2	D1	D2	E1	E2	F1	F2	G1	G2	H1	H2	合计

✲ 课后反思

反思内容	实际效果	改进设想
工作态度、团队合作意识、质量意识		
成果导向应用情况		
本课评分		

✲ 参考资料

现场混凝土生产质量评定

模块9　工程质量等级评定

9.1　工程质量等级评定的依据及通用术语

✲ 课程信息

1. 基本信息

<table>
<tr><td>学生姓名</td><td></td><td>课程地点</td><td></td><td>课程时间</td><td></td></tr>
<tr><td>指导教师</td><td></td><td>哪些同学对我起到帮助</td><td>1.</td><td>2.</td><td>3.</td></tr>
<tr><td>课程项目</td><td colspan="5">工程质量等级评定的依据及通用术语</td></tr>
</table>

2. 学习目标

<table>
<tr><td colspan="18">课程侧重</td></tr>
<tr><td rowspan="2">课程核心能力权重</td><td colspan="2">A. 责任担当</td><td colspan="2">B. 人文素养</td><td colspan="2">C. 工程知识</td><td colspan="2">D. 学习创新</td><td colspan="2">E. 专业技能</td><td colspan="2">F. 职业操守</td><td colspan="2">G. 问题解决</td><td colspan="2">H. 沟通合作</td><td>合计</td></tr>
<tr><td colspan="2">15%</td><td colspan="2"></td><td colspan="2">15%</td><td colspan="2">10%</td><td colspan="2">15%</td><td colspan="2">15%</td><td colspan="2">15%</td><td colspan="2">15%</td><td>100%</td></tr>
<tr><td rowspan="2">课程能力指标权重</td><td>A1</td><td>A2</td><td>B1</td><td>B2</td><td>C1</td><td>C2</td><td>D1</td><td>D2</td><td>E1</td><td>E2</td><td>F1</td><td>F2</td><td>G1</td><td>G2</td><td>H1</td><td>H2</td><td>合计</td></tr>
<tr><td>15%</td><td></td><td></td><td></td><td>15%</td><td></td><td>10%</td><td></td><td>15%</td><td></td><td>15%</td><td></td><td>15%</td><td></td><td>15%</td><td></td><td>100%</td></tr>
<tr><td>知识目标</td><td colspan="17">掌握水利水电工程质量等级评定的依据</td></tr>
<tr><td>能力目标</td><td colspan="17">会应用水利水电工程质量等级评定的通用术语评价工程质量</td></tr>
<tr><td>素质与思政目标</td><td colspan="17">学会使用有关规范正确评价工程质量，培养学生职业素养</td></tr>
</table>

✲ 背景资料

现要对罗士圈水库土石坝工程施工，包括坝基及岸坡处理、防渗体工程施工、坝体填筑工程施工、细部工程施工。进行工程质量等级评定，请熟悉有关工程质量等级评定的原则及通用术语。

✲ 课前活动

1. 讨论。

(1)水利水电工程质量等级评定的依据有哪些？

(2)水利水电工程质量等级评定的通用术语有哪些？

2. 查阅本规范回答讨论问题。

水利水电工程施工质量检验与评定规程 SL 176－2007

✲ 必备知识

1. 有关概念、术语

名称	举例	能力指标	考核结果
1. 单位工程	混凝土坝、土石坝	能正确描述实际工程中的单位工程	
2. 分部工程	溢流坝段、挡水坝段	能正确描述实际工程中的分部工程的划分	
3. 单元工程	一个坝段的混凝土浇筑层	能正确描述实际工程中的单元工程、各个单元工程的施工工序	
4. 主要建筑物及主要单位工程	混凝土大坝、泄洪建筑物、输水建筑物	能正确描述工程中主要建筑物	
5. 中间产品	能举例说明砂石骨料、石料、混凝土拌合物	能正确描述一种工程施工过程中的中间产品	
6. 外观质量	混凝土大坝表面的蜂窝空洞	能正确描述一种工程施工过程中的外观质量问题	

2. 使用规范

序号	规范名称	应用情况	对规范熟悉情况	考核结果
1	《水利水电工程施工质量检验与评定规程》(SL 176－2007)	项目划分	1. 是/否准备好规范？电子版还是纸质版？ 2. 是/否提前预习规范？能准确说出还是能大致说出	

✲ 课程实施

教学阶段	教学流程	学习成果	教师核查	能力指标
1. 课前准备	(1)查阅有关规范、标准，了解有关工程质量等级评定的依据			C1 E1
	(2)查阅有关规范、标准，了解有关概念及术语			C1 E1
阶段性小结				
2. 课中实施	(1)学生分组汇报课前准备情况			F1 G1
	(2)教师总结评价学生课前准备工作			C1 E1
	(3)指出问题、不足			E1 D1
	(4)教师系统讲解有关工程质量等级评定的依据、概念及术语			A1 E1
3. 课后拓展	布置课后工作，对应工程质量等级评定的有关术语各写出一个工程实例			
阶段性小结				

✼ 检查与记录

<table>
<tr><td colspan="18">课程侧重</td></tr>
<tr><td rowspan="2">课程核心能力权重</td><td colspan="2">A. 责任担当</td><td colspan="2">B. 人文素养</td><td colspan="2">C. 工程知识</td><td colspan="2">D. 学习创新</td><td colspan="2">E. 专业技能</td><td colspan="2">F. 职业操守</td><td colspan="2">G. 问题解决</td><td colspan="2">H. 沟通合作</td><td>合计</td></tr>
<tr><td colspan="2">15%</td><td colspan="2"></td><td colspan="2">15%</td><td colspan="2">10%</td><td colspan="2">15%</td><td colspan="2">15%</td><td colspan="2">15%</td><td colspan="2">15%</td><td>100%</td></tr>
<tr><td rowspan="2">课程能力指标权重</td><td>A1</td><td>A2</td><td>B1</td><td>B2</td><td>C1</td><td>C2</td><td>D1</td><td>D2</td><td>E1</td><td>E2</td><td>F1</td><td>F2</td><td>G1</td><td>G2</td><td>H1</td><td>H2</td><td>合计</td></tr>
<tr><td></td><td></td><td></td><td></td><td></td><td></td><td></td><td></td><td></td><td></td><td></td><td></td><td></td><td></td><td></td><td></td><td></td></tr>
</table>

✼ 课后反思

反思内容	实际效果	改进设想
工作态度、团队合作意识、质量意识		
成果导向应用情况		
本课评分		

✼ 参考资料

工程质量等级评定的
依据及通用术语

9.2 工程项目划分

✲ 课程信息

1. 基本信息

学生姓名		课程地点		课程时间	
指导教师		哪些同学对我起到帮助？	1.	2.	3.
课程项目	工程项目划分				

2. 学习目标

课程侧重																	
课程核心能力权重	A. 责任担当		B. 人文素养		C. 工程知识		D. 学习创新		E. 专业技能		F. 职业操守		G. 问题解决		H. 沟通合作		合计
	15%				15%		10%		15%		15%		15%		15%		100%
课程能力指标权重	A1	A2	B1	B2	C1	C2	D1	D2	E1	E2	F1	F2	G1	G2	H1	H2	合计
	15%				15%		10%		15%		15%		15%		15%		100%
知识目标	(1)熟悉枢纽工程单位工程项目划分的原则；(2)熟悉枢纽工程分部工程项目划分的原则；(3)掌握水利水电工程项目划分的依据																
能力目标	能进行水利水电工程项目划分																
素质与思政目标	培养学生认真负责的工作态度、团队合作意识及质量意识																

✲ 背景资料

观音阁水库大坝为碾压混凝土重力坝，拦河坝由挡水坝段、溢流坝段、底孔坝段、电站坝段所组成。坝顶全长为 1 040 m，共分 65 个坝段。其中 4＃、5＃、7＃、9＃四个坝段分别为 18 m、14 m、13 m、19 m 外，其余 61 个坝段均为 16 m。1＃—7＃、10＃—12＃、28＃—65＃共 48 个坝段为挡水坝段，坝顶宽为 10 m，15＃—27＃共 13 个坝段为溢流坝段，布置 12 个溢流表孔，每孔净宽为 12 m，中墩宽为 4.0 m，溢流坝段总长为 208 m，坝段间横逢设于闸孔中间，溢流堰顶高程为 255.02 m，为挑流消能。8＃—9＃坝段为电站坝段，在 8＃坝段内设两条，9＃坝段内设一条直径为 2.2 m 的引水钢管，引水管进口底高程为 216 m，引水钢管经两次转弯后引向坝后厂房，与厂房引水管相接。电站坝段的标准断面基本与相邻挡水坝段相同。13＃—14＃坝段为底孔坝段。每个坝段内布置一个4×6(宽×高)的放水孔，底孔进口底高程为 204 m，出口尺寸为 4×5(宽×高)。设弧形闸门油压启闭机操作。两孔全开最大泄量为 1 094 m^3/s。

请对该工程的项目进行划分，确定其分部工程的名称、数量。

✲ 课前活动

1. 讨论。

(1)水利水电工程项目划分分为哪几个级别？

____

____

(2)对于枢纽工程，进行单位工程项目划分的原则有哪些？

____

____

(3)对于枢纽工程，进行分部工程项目划分的原则有哪些？

____

____

(4)水利水电工程项目划分的依据是什么？

____

____

2. 网络精品在线开放课程利用。

✲ 必备知识

1. 有关概念、术语

名称	举例	能力指标	考核结果
1. 单位工程	碾压混凝土重力坝	能正确描述实际工程中重力坝施工过程中的单位工程	
2. 分部工程	地基开挖与处理、坝基与坝肩防渗与排水	能正确描述实际工程中重力坝施工过程中的分部工程的划分	
3. 单元工程	重力坝挡水坝段单元工程划分方法、各单元工程的施工工序	能正确描述实际工程中土重力坝施工过程中，各单元工程划分方法、各个单元工程的施工工序	
4. 关键部位单元工程	坝基与坝肩防渗与排水	能正确描述土石坝施工过程中的关键部位单元工程	
5. 重要隐蔽单元工程	主要建筑物的地基开挖、坝基与坝肩防渗与排水	能正确描述重力坝施工过程中的重要隐蔽单元工程	
6. 主要建筑物及主要单位工程	大坝、泄水底孔、溢流坝	能正确描述重力坝枢纽的主要建筑物及主要单位工程	

2. 使用规范

序号	规范名称	应用情况	对规范熟悉情况	考核结果
1	《水利水电工程施工质量检验与评定规程》(SL 176—2007)	项目划分	1. 是/否准备好规范？电子版还是纸质版？ 2. 是/否提前预习规范？能准确说出还是能大致说出	

✲ 课程实施

<table>
<tr><th>教学阶段</th><th>教学流程</th><th>学习成果</th><th>教师核查</th></tr>
<tr><td rowspan="2">1. 课前准备</td><td>(1)查阅有关规范、标准，了解有关概念及工程项目划分方法</td><td></td><td></td></tr>
<tr><td>(2)将教师布置的实际工程案例进行初步的工程项目划分</td><td></td><td></td></tr>
<tr><td>阶段性小结</td><td colspan="3"></td></tr>
<tr><td rowspan="4">2. 课中实施</td><td>(1)学生分组汇报课前准备情况</td><td></td><td></td></tr>
<tr><td>(2)教师总结评价学生课前准备工作</td><td></td><td></td></tr>
<tr><td>(3)指出问题、不足</td><td></td><td></td></tr>
<tr><td>(4)教师系统讲解碾压混凝土重力坝进行项目划分的工作过程及知识点，对观音阁水库大坝进行分部工程项目划分</td><td></td><td></td></tr>
<tr><td>3. 课后拓展</td><td>布置课后工作，观音阁水库大坝进行单元工程项目划分</td><td></td><td></td></tr>
<tr><td>阶段性小结</td><td colspan="3"></td></tr>
</table>

✲ 检查与记录

课程侧重																	
课程核心能力权重	A. 责任担当		B. 人文素养		C. 工程知识		D. 学习创新		E. 专业技能		F. 职业操守		G. 问题解决		H. 沟通合作		合计
	15%				15%		10%		15%		15%		15%		15%		100%
课程能力指标权重	A1	A2	B1	B2	C1	C2	D1	D2	E1	E2	F1	F2	G1	G2	H1	H2	合计

✲ 课后反思

反思内容	实际效果	改进设想
工作态度、团队合作意识、质量意识		
成果导向应用情况		
本课评分		

✲ 参考资料

工程项目划分

9.3 工程质量检测

✲ 课程信息

1. 基本信息

学生姓名		课程地点		课程时间	
指导教师		哪些同学对我起到帮助	1.	2.	3.
课程项目	工程质量检测				

2. 学习目标

课程侧重																	
课程核心能力权重	A. 责任担当		B. 人文素养		C. 工程知识		D. 学习创新		E. 专业技能		F. 职业操守		G. 问题解决		H. 沟通合作		合计
	15%				15%		10%		15%		15%		15%		15%		100%
课程能力指标权重	A1	A2	B1	B2	C1	C2	D1	D2	E1	E2	F1	F2	G1	G2	H1	H2	合计
	15%				15%		10%		15%		15%		15%		15%		100%
知识目标	(1)掌握土石坝施工质量检测的依据；(2)熟悉土石坝施工质量检测的项目																
能力目标	能够检测水利工程的工程质量																
素质与思政目标	培养学生认真负责的职业精神及质量意识																

✲ 背景资料

某土石坝工程施工，包括坝基及岸坡处理、防渗体工程施工、坝体填筑工程施工、细部工程施工。单元工程质量检测是工程质量评定中最基本也是最关键的检测。为了保证施工质量，在施工过程中，施工企业应该对划分好的单元工程进行认真检测，特别是隐蔽工程，要做好检测记录。建设单位或代理质量检验单位应参加，特别是必须参加隐蔽工程和关键部位单元工程的质量检验和验证。单元工程的质量检验应按《工程质量等级评定标准》所列项目逐项检测。近日将进行黏土心墙工程(高程 40.00～43.00 m)的施工及工程质量检测，请将该单元工程的质量检测所需表格准备好。

✲ 课前活动

1. 讨论。

(1)土石坝施工质量检测的依据有哪些？

(2)土石坝施工质量检测的项目有哪些？

____

____

(3)什么是单位工程、分部工程、单元工程？

____

____

(4)什么是中间产品？

____

____

2. 网络精品在线开放课程利用。

✲ 必备知识

1. 有关概念、术语

名称	举例	能力指标	考核结果
1. 质量检测	压实度检测、相对密度检测	能正确描述实际工程中的检测方法	
2. 单位工程	均质土坝、土质心墙坝、土质斜墙坝等	能正确描述实际工程中土石坝施工过程中的单位工程	
3. 分部工程	地基开挖与处理、地基防渗、防渗心墙、防渗斜墙、坝体填筑等	能正确描述实际工程中土石坝施工过程中的分部工程的划分	
4. 单元工程	地基开挖与处理的单元工程划分方法、各单元工程的施工工序	能正确描述土石坝施工过程中，各单元工程的划分方法、施工工序	
5. 关键部位单元工程	地基防渗、防渗体	能正确描述土石坝施工过程中的关键部位单元工程	
6. 重要隐蔽单元工程	主要建筑物的地基开挖、地基防渗	能正确描述土石坝施工过程中的重要隐蔽单元工程	
7. 主要建筑物及主要单位工程	堤坝、泄水建筑物、输水建筑物、电站厂房及泵站等	能正确描述土石坝枢纽的主要建筑物及主要单位工程	
8. 中间产品	砂石骨料、石料等	能正确描述土石坝施工过程中的中间产品	

续表

名称	举例	能力指标	考核结果
9. 见证取样	压实度检测见证取样	能正确描述土石坝施工过程中的见证取样的场景	
10. 外观质量	上下游坝坡	能正确描述土石坝施工的外观质量要求	
11. 质量事故		能正确描述土石坝施工过程中的质量事故	
12. 质量缺陷		能正确描述土石坝施工过程中的质量缺陷	

2. 使用规范

序号	规范名称	应用情况	对规范熟悉情况	考核结果
1	《水利水电工程施工质量检验与评定规程》(SL 176－2007)	项目划分、施工质量检测内容、施工质量评定方法、标准	1. 是/否准备好规范？电子版还是纸质？ 2. 是/否提前预习规范？能准确说出还是能大致说出	
2	《水利工程质量检测技术规程》(SL 734—2016)	水利工程质量检测与评价的主要依据、基本规定、主要标准，介绍水利工程质量检测与评价的方法、要求及检测项目		
3	《水利水电单元工程施工质量验收评定标准 土石方工程》(SL 631－2012)	单元工程质量等级评定的依据、统一尺度、标准		
4	《水利水电建设工程验收规程》(SL 223－2008)	水利水电建设工程验收工作的内容与依据		
5	《土工试验方法标准》(GB/T 50123－2019)	用于工程用土的鉴别、定名和描述，以便对土的性状作定性评价		

✲ 课程实施

教学阶段	教学流程	学习成果	教师核查
1. 课前准备	(1)查阅有关规范、标准，了解有关概念及检测方法		
	(2)列出有关单元工程质量检测项目，确定质量检测的原始记录表及报告；确定检测方案		
阶段性小结			
2. 课中实施	(1)学生分组汇报课前准备情况		
	(2)教师总结评价学生课前准备工作		
	(3)指出问题、不足		
	(4)教师系统讲解土石坝黏土心墙工程质量检测的工作过程及知识点，编写检测方案		
	(5)土石坝黏土心墙工程施工质量检测(自检)项目及要求		
3. 课后拓展	(6)布置课后工作，完成土石坝黏土心墙工程施工质量检测方案		
阶段性小结			

✲ 参考表格

表 9-1 含水率试验记录

工程名称________ 试验者________

试验方法________ 计算者________

试验日期________ 校核者________

试样编号	土样说明	盒号	盒质量	盒＋湿土质量	盒＋干土质量	干土质量	水分质量	含水率	平均含水率
			g	g	g	g	g	%	%

续表

试样编号	土样说明	盒号	盒质量	盒+湿土质量	盒+干土质量	干土质量	水分质量	含水率	平均含水率
			g	g	g	g	g	%	%

表 9-2　密度试验记录表(环刀法)

工程名称______________　　　　试验者__________

土样说明______________　　　　计算者__________

试验日期______________　　　　校核者__________

试样编号	土样类别	环刀号	湿土质量/g	体积/cm^3	湿密度/$(g \cdot cm^{-3})$	含水率/%	干密度/$(g \cdot cm^{-3})$	平均干密度/$(g \cdot cm^{-3})$
			(1)	(2)	(3)=(1)/(2)	(4)	(3)/[1+0.01(4)]	(6)

表 9-3　原位密度试验记录表(灌水法)

工程名称______________　　　　试验者__________

仪器编号______________　　　　计算者__________

试验日期______________　　　　校核者__________

试样编号	套环体积/cm^3	储水筒水位/cm		储水筒面积/cm^2	试坑体积/cm^3	试样质量/g	试样含水率/%	试样湿密度/g	试样干密度/$(g \cdot cm^{-3})$
		初始	终了						
(1)	(2)	(3)	(4)	(5)	(6)=[(4)-(3)]×(5)-(2)	(7)	(8)	(9)=(7)/(6)	(10)=(9)/[1+0.01(8)]

✲ 检查与记录

课程侧重																	
课程核心能力权重	A. 责任担当		B. 人文素养		C. 工程知识		D. 学习创新		E. 专业技能		F. 职业操守		G. 问题解决		H. 沟通合作		合计
	15%				15%		10%		15%		15%		15%		15%		100%
课程能力指标权重	A1	A2	B1	B2	C1	C2	D1	D2	E1	E2	F1	F2	G1	G2	H1	H2	合计

✲ 课后反思

反思内容	实际效果	改进设想
工作态度、团队合作意识、质量意识		
成果导向应用情况		
本课评分		

✲ 参考资料

工程质量检测

9.4　工程质量评定

✲ 课程信息

1. 基本信息

学生姓名		课程地点		课程时间	
指导教师		哪些同学对我起到帮助	1.	2.	3.
课程项目	工程质量评定				

2. 学习目标

课程侧重																	
课程核心能力权重	A. 责任担当		B. 人文素养		C. 工程知识		D. 学习创新		E. 专业技能		F. 职业操守		G. 问题解决		H. 沟通合作		合计
	15%				15%		10%		15%		15%		15%		15%		100%
课程能力指标权重	A1	A2	B1	B2	C1	C2	D1	D2	E1	E2	F1	F2	G1	G2	H1	H2	合计
	15%				15%		10%		15%		15%		15%		15%		100%
知识目标	(1)掌握单元工程质量评定的质量标准项目分类；(2)熟悉单元工程质量等级条件；(3)熟悉分部工程质量评定标准、单位工程质量评定标准																
能力目标	能够评定水利工程的工程质量																
素质与思政目标	(1)培养学生分析问题、解决问题的能力；(2)培养一定的沟通合作能力及职业操守																

✲ 背景资料

某土石坝工程施工，包括坝基及岸坡处理、防渗体工程施工、坝体填筑工程施工、细部工程施工。单元工程质量检测是工程质量评定中最基本也是最关键的检测。为了保证施工质量，在施工过程中，施工企业应该对划分好的单元工程进行认真检测，特别是隐蔽工程，要做好检测记录。建设单位或代理质量检验单位应参加，特别是必须参加隐蔽工程和关键部位单元工程的质量检验和验证。单元工程的质量检验应按《工程质量等级评定标准》所列项目逐项检测。明日进行黏土心墙工程(高程 40.00～43.00 m)的施工，请将该单元工程的质量评定表准备好。

✲ 课前活动

1. 讨论。

(1)土石坝单元工程质量评定的质量标准项目分为哪几类？

____

____

(2)单元工程质量等级条件有哪些？

(3)分部工程质量评定标准有哪些？

(4)单位工程质量评定标准有哪些？

✲ 必备知识

1. 有关概念、术语

<table>
<tr><th>名称</th><th>举例</th><th>检测方法</th><th>能力指标</th><th>考核结果</th></tr>
<tr><td rowspan="2">1. 保证项目</td><td>(1)土石坝防渗体工程卸料与铺填过程中的保证项目：上坝土料的黏粒含量、含水量、土块直径、砾质黏土的粗粒含量、粗粒最大粒径，均应符合设计要求和《碾压式土石坝施工规范》(DL/T 5129—2013)规定；严禁冻土上坝</td><td>观察检查及查阅试验记录</td><td rowspan="2">能正确描述该工序中保证项目的要求及具体的检测方法</td><td rowspan="4"></td></tr>
<tr><td>(2)必须按设计和规范要求卸料，及时平料，力求均衡上升，保持施工面平整、层次清楚，以减少接缝；上下层分段位置应错开，当气候干燥蒸发较快时，铺料表面应保持湿润，符合施工含水量。如遇雨天应停止卸铺，表面压实平整。
(3)均质坝铺土时，上下游坝坡应留有余量，以保证压实边坡的质量。防渗铺盖在坝体以内部分(与心墙或斜墙连接)应与心墙或斜墙同时铺筑，以防止防渗体在坝内出现纵缝</td><td>观察检查</td></tr>
<tr><td>2. 基本项目</td><td>土料铺填应符合下列质量要求：
合格：经摊铺后的土料，厚度均匀，表面基本平整，无土块(或粗粒)集中。
优良：经摊铺后的土料，厚度均匀，表面平整，土块均打碎，无粗粒集中，边线整齐</td><td>观察检查及测量铺土厚度</td><td>能正确描述该工序中基本项目的要求及具体的检测方法</td></tr>
<tr><td>3. 允许偏差项目</td><td>铺填允许偏差应符合下表的质量要求。
<table><tr><th>项次</th><th>项目</th><th>允许偏差/cm</th><th>检验方法及检测数量</th></tr><tr><td>1</td><td>铺土厚度(平整后，压实前)</td><td>0～5</td><td>尺量或水准测量或激光测量；采用网格控制；每100 m^{2}一个测点</td></tr><tr><td>2</td><td>铺填边线</td><td>人工施工：−5～+10，机械施工：−5～−30</td><td>仪器测量及拉线；每10延长米一个测点</td></tr></table></td><td>尺量或水准测量</td><td>能正确描述该工序中允许偏差项目的要求及具体的检测方法</td></tr>
</table>

2. 使用规范

序号	规范名称	应用情况	对规范熟悉情况	考核结果
1	《水利水电工程施工质量检验与评定规程》(SL 176—2007)	项目划分、施工质量检测内容、施工质量评定方法、标准	1. 是/否准备好规范？电子版还是纸质版？ 2. 是/否提前预习规范？能准确说出还是能大致说出	
2	《水利工程质量检测技术规程》(SL 734—2016)	水利工程质量检测与评价的主要依据；水利工程质量检测与评价引用的主要标准介绍；水利工程质量检测与评价基本规定；水利工程质量检测与评价的方法、要求及检测项目		
3	《水电水利基本建设工程单元工程质量等级评定标准第1部分：土建工程》(DL/T 5113.1—2019)	水电水利基本建设工程单元工程质量等级评定的依据、统一尺度、标准		
4	《水利水电单元工程施工质量验收评定标准 土石方工程》(SL 631—2012)	单元工程质量等级评定的依据、统一尺度、标准		
5	《水利水电建设工程验收规程》(SL 223—2008)	水利水电建设工程验收工作的内容与依据		

✲ 课程实施

教学阶段	教学流程	学习成果	教师核查
1. 课前准备	(1)查阅有关规范、标准，了解有关概念及方法		
	(2)填写有关单元工程质量评定表		
阶段性小结			
2. 课中实施	(1)学生分组汇报课前准备情况		
	(2)教师总结评价学生课前准备工作		
	(3)指出问题、不足		
	(4)教师系统讲解土石坝黏土心墙工程质量评定的工作过程及知识点		
3. 课后拓展	布置课后工作，完成土石坝黏土心墙工程质量评定表		
阶段性小结			

✲ 参考表格

请参考《水电水利基本建设工程单元工程质量等级评定标准 第1部分：土建工程》(DL/T 5113.1—2019)的样式，完成对下面三种表格的认识：单元工程质量评定表(无工序单元工程)(表9-4)、单元工程工序质量(中间产品)评定表(表9-5)和单元工程质量评定(包含施工工序)表(表9-6)。同时，学会计算水利水电工程项目的单位工程优良品率、分部工程优良品率、单位工程的优良品率。

表9-4 单元工程质量评定表(无工序单元工程)

年 月 日

单位工程名称		单元工程名称	
工程部位		单元工程编号	
施工单位		单元工程工程量	
项目(条号)	质量检验情况		合格、优良
保证项目			

续表

基本项目			
允许偏差项目			
检验结果	保证项目		
	基本项目	检验____项，其中优良____点、优良率______%	
	允许偏差项目	实测____点，其中合格____点、合格率______%	
单元工程等级评定	合格、优良	质量负责人： 班组长： 质量检验员：　　　　建设(监理)单位：	
注：如使用中间产品，还应检验中间产品质量情况。			

表 9-5　单元工程工序质量(中间产品)评定表

年　月　日

单位工程名称		单元工程名称	
工程部位		工序(中间产品)名称	
施工单位		工序(中间产品)工程量	
项目(条号)		质量检验情况	合格、优良
保证项目			
基本项目			
允许偏差项目			

续表

检验结果	保证项目		
	基本项目	检验__项，其中优良__点、优良率____%	
	允许偏差项目	实测__点，其中合格__点、合格率____%	
工序等级评定（中间产品）	合格、优良	质检负责人： 班组长： 质量检验员：　　　　建设(监理)单位：	

表 9-6　单元工程质量评定(包含施工工序)表

年　月　日

单位工程名称			单元工程名称	
工程部位			单元工程编号	
施工单位			单元工程工程量	
工序编号	项目名称	质量检验情况		工序合格、优良
一	保证项目			
	基本项目	检验__项，其中优良__点、优良率__%		
	允许偏差项目	实测__点，其中合格__点、合格率__%		
二	保证项目			
	基本项目	检验__项，其中优良__点、优良率__%		
	允许偏差项目	实测__点，其中合格__点、合格率__%		
三	保证项目			
	基本项目	检验__项，其中优良__点、优良率__%		
	允许偏差项目	实测__点，其中合格__点、合格率__%		
四	保证项目			
	基本项目	检验__项，其中优良__点、优良率__%		
	允许偏差项目	实测__点，其中合格__点、合格率__%		
五	保证项目			
	基本项目	检验__项，其中优良__点、优良率__%		
	允许偏差项目	实测__点，其中合格__点、合格率__%		
检验结果		工序项数____项，其中优良__项、优良率__%		
单元工程等级评定	合格、优良	质检负责人： 班组长： 质量检验员：　　　　建设(监理)单位：		
注：如使用中间产品，还应检验中间产品质量情况。				

✻ 检查与记录

课程侧重																	
课程核心能力权重	A. 责任担当		B. 人文素养		C. 工程知识		D. 学习创新		E. 专业技能		F. 职业操守		G. 问题解决		H. 沟通合作		合计
	15%				15%		10%		15%		15%		15%		15%		100%
课程能力指标权重	A1	A2	B1	B2	C1	C2	D1	D2	E1	E2	F1	F2	G1	G2	H1	H2	合计

✻ 课后反思

反思内容	实际效果	改进设想
工作态度、团队合作意识、质量意识		
成果导向应用情况		
本课评分		

✻ 参考资料

工程质量评定

参考文献

[1] 中国水利工程协会．水利工程建设质量控制［M］. 2版. 北京：中国水利水电出版社，2010.

[2] 郑霞忠，朱忠荣. 水利水电工程质量管理与控制［M］. 北京：中国电力出版社，2011.

[3] 石庆尧，黄玮，庞晓岚，等．水利工程质量监督理论与实践指南［M］. 3版. 北京：中国水利水电出版社，2015.

[4] 全国一级建造师执业资格考试用书编写委员会. 水利水电工程管理与实务［M］. 北京：中国建筑工业出版社，2023.

[5] 李彦昌，王海波，杨荣俊．预拌混凝土质量控制［M］. 北京：化学工业出版社，2016.

[6] 陈建奎，王栋民．高性能混凝土（HPC）配合比设计新法——全计算法［J］．硅酸盐学报，2000（02）：194－198.

[7] 中华人民共和国水利部．SL/T 352－2020 水工混凝土试验规程［S］. 北京：中国水利水电出版社，2020.

[8] 中华人民共和国水利部．SL 677－2014 水工混凝土施工规范［S］. 北京：中国水利水电出版社，2014.

[9] 中华人民共和国住房和城乡建设部．GB/T 50107－2010 混凝土强度检验评定标准［S］．北京：中国建筑工业出版社，2010.

[10] 国家能源局．DL/T 5144－2015 水工混凝土施工规范［S］. 北京：中国电力出版社，2015.